国家出版基金项目
NATIONAL PUBLICATION FOUNDATION

国防重器及战例集萃·国防重器

近海杀手

护卫舰

主　编　王景堂　肖裕声

副主编　曹卫东　王　林　寒　雪

编　著　寒　雪　韦汉林

北方联合出版传媒（集团）股份有限公司

辽海出版社

图书在版编目（CIP）数据

近海杀手——护卫舰 / 王景堂，肖裕声主编. —沈阳：辽海出版社，2021.12

ISBN 978-7-5451-6235-6

Ⅰ. ①近… Ⅱ. ①王… ②肖… Ⅲ. ①护卫舰—世界—青少年读物 Ⅳ. ①U674.774-49

中国版本图书馆CIP数据核字（2021）第247507号

出 版 者：北方联合出版传媒（集团）股份有限公司
　　　　　辽 海 出 版 社
　　　　　（地址：沈阳市和平区十一纬路25号　邮编：110003）
印 刷 者：辽宁新华印务有限公司
发 行 者：北方联合出版传媒（集团）股份有限公司
　　　　　辽 海 出 版 社
幅面尺寸：170mm ×240mm
印　　张：10
字　　数：180千字
出版时间：2022年3月第1版
印刷时间：2022年3月第1次印刷
责任编辑：秦红玉
特约编辑：王庆芳
封面设计：方加青
版式设计：方加青
责任校对：李子夏

书　　号：ISBN 978-7-5451-6235-6
定　　价：60.00元

购 书 电 话：024-23285299
市场营销部：024-23261806
网　　　址：http://www.lhph.com.cn
版权所有，翻印必究
法律顾问：辽宁普凯律师事务所　王　伟
如有质量问题，请与印刷厂联系调换
印刷厂电话：024-31255233
盗版举报电话：024-23284481
盗版举报信箱：liaohaichubanshe@163.com

以文弘道，止戈为武

中华民族是一个热爱和平的民族，自古就有"和为贵"的传统，以"大同天下、和睦共处"为理想。中华民族又是一个尚武的民族，自古就有文治武功的愿景，以文弘道，止戈为武。说到底，"尚武"的目的还是为了"止戈"，即争取和平。

中国几千年的历史，就是和平与战争并存的历史。先人们为了民族的繁衍生息，被迫与入侵者争战疆场，秦修长城为固边，汉御匈奴为安居……和平来之不易，武备不稍松懈。

进入近代以来，中华民族屡遭磨难。西方列强凭借坚船利炮，破我国门，杀我同胞，掠我金银。百年屈辱，号天不灵，只缘自身不硬。在苦难中，多少仁人志士奋起抗争，前仆后继，青史留名。历史的拐点，始于中国共产党的诞生。它高举马列主义大旗，实践武装革命，推翻三座大山，建立中华人民共和国，开启了民族复兴的征程。如今，四十多年改革开放让我们的国家走向强盛。但世界仍不太平，霸权主义阴魂不散，恐怖袭击搅得世界不宁。我们的社会主义事业需要和平安宁的外部环境，然而和平并非唾手可得。我们主张通过谈判解决争端，但是，霸权主义、强权政治往往只考虑自身利益，而置世界和平于不顾。面对挑战，我们只有顽强抗争才能维护自己的主权和发展利益。毛主席曾提出"人不犯我，我不犯人；人若犯我，我必犯人"的自卫原则，这是中国人民对待战争的态度。

要赢得战争，就得有实力。实力从何而来？习近平主席曾指出：一个国家是否强大不能单就经济总量大小而定，一个民族是否强盛也不能单凭人口规模、领土幅员多寡而定。近代史上，我国落后挨打的根子之一就是科技落后。就是说，科技在某种程度上可以决定国家的实力。同时，习主席强调："重大科技创新成果是国之重器、国之利器，必须牢牢掌握在自己手上，必须依靠自力更生、自主创新。"他还说："科技兴则民族兴，科技强则国家强。""只有把核心技术掌握在自己手中，才能真正掌握竞争和发展的主动权，才能从根本上保障国家经济安全、国防安全和其他安全。"这就给我们指出了增强国家实力的良方。要发展科技，就必须增强全民的科技意识，而其中的关键是培养和造就科技人才。

鉴于此，辽海出版社邀请军事、科技专家组建"国防重器及战例集萃"丛书编委会，组织编写军事科普读物18种，从国防重器，如航母、潜艇、轰炸机，到重要的常规武备，如坦克、火炮、装甲战车等，作了通俗而详尽的介绍。应当指出，丛书主要介绍了国外装备，然而他山之石，可以为我攻玉。这套丛书可以成为青少年增强科技意识、发扬尚武精神的好读物，从而为国家培养军事科技人才打好科普基础。

青少年朋友们，你们是祖国的未来、民族的希望，也是建设和保卫中国特色社会主义事业的可靠力量。中国人民站起来了，富起来了，但真正强大起来还得靠你们。你们使命光荣，任重而道远。愿你们奋发振作，努力学习，敢于创新，勇攀科技高峰，使自己成为能文能武、能征善战的时代英雄。我们诚心地将这套军事科普丛书献给你们，聊作你们新长征路上的一点给养。

青少年朋友们，努力吧！

王景堂

2020年10月1日

护卫舰，作为一个传统的海军舰种，历来为各国所重视。但很多人不知道，我们今天所称的"舰"实际上是由普通的"船"演化而来的。

从公元前7500年前人们发明独木舟，到16世纪，船只是作为水上运载工具而存在。到了17世纪中叶，英国人率先打破了船的这一唯一属性，他们将一种单桅纵帆的小型船只用作近岸防卫与辅助护卫大型船只，给船赋予了战斗和护卫的功能，此种船只被称为单桅战船。随后，法国人的效仿，使得"护卫舰"这个名称被世界所认同。此时的护卫舰已经由过去的单桅帆船变成了三桅帆船，但是大部分的护卫舰大小也只有12～18米、重40～70吨，只能搭载4～8门火炮。

在20世纪的两次世界大战中，德国利用其潜艇优势，在海上横行霸道，大肆攻击敌对方的商业船队和舰队，使得对手损失惨重。为了应对德军的肆虐，保护海上运输线，以英法为首的一方，大量建造新的护卫舰，仅第二次世界大战期间就建造了2000余艘。战后，护卫舰得到了长足的发展。此时的护卫舰排水量已经达到了1500多吨，航速提升至20节左右，同时，防空和反潜能力在护航过程中也得到了很大的提高。

第二次世界大战后，护卫舰不仅为大型舰队护航，而且广泛地用于近海巡逻警戒以及侦察、搜索等，舰上的装备也逐渐现代化。尤其是20世纪70年代后期，随着导弹和直升机等现代化装备上舰，导弹护卫舰等新的概念应运而生。可以说，如今的护卫舰不仅是一种排水量大（6000吨以上）、航速快（30～40节）、续航力久（4000~7500海里），可以在远洋环境下进行机动作战的中型独立作战舰艇，更是各类作战舰种中数量最为庞大的"群狼"家族。

当前，各国海军对于护卫舰在战争中作用的期望值越来越高，使得护卫舰的功能也越集越齐，续航能力越来越强，舰只本身也越建越大，甚至许多新的护卫舰比过去的驱逐舰甚至巡洋舰的排水量还要大。这样一来，如果还是按照传统分类显然是不切实际了，这就是为什么现代护卫舰的作用越来越超过传统意义上的驱逐舰和巡洋舰的根本原因。

尽管如此，无论是在近海还是远洋，孤立的一艘或者一群护卫舰仍然很难有所作为。由于现代战争的作战模式发生了变化，护卫舰除了自身装备缺陷外，更重要的是来自空中、水面和水下各个层面的威胁大大增加。这就需要在护卫舰的综合自我防御能力不断提高的同时，加强舰队中各舰只间的整体协作和交叉防卫。

《近海杀手——护卫舰》以相关战例引读开篇，从护卫舰的诞生、蜕变，到全球主要军事强国的护卫舰列装情况；从护卫舰的作战能力，到我国护卫舰走过的历程等几个方面，详细介绍了护卫舰这种历史悠久的海军舰艇的基本分类、构造和发展趋势。

本书的相关数据资料均经过国内军事专家的认真核对，并参考了国内外权威档案及已公开的部分军事文档，在内容的编写过程中，去粗取精，去伪存真，使内容更加客观、真实。全书内容也是经多名军事专家进行了严格的筛选和审校，以期达到系统、准确。本书适合青少年以及广大军迷朋友参阅。

Chap. 1

追根溯源：护卫舰的诞生

Chap. 2

透视护卫舰的基本配置

Chap. 6

海上硝烟：护卫舰的战绩

Chap. 7

世界各国新型护卫舰

Chap. 8

前路可期：未来护卫舰发展展望

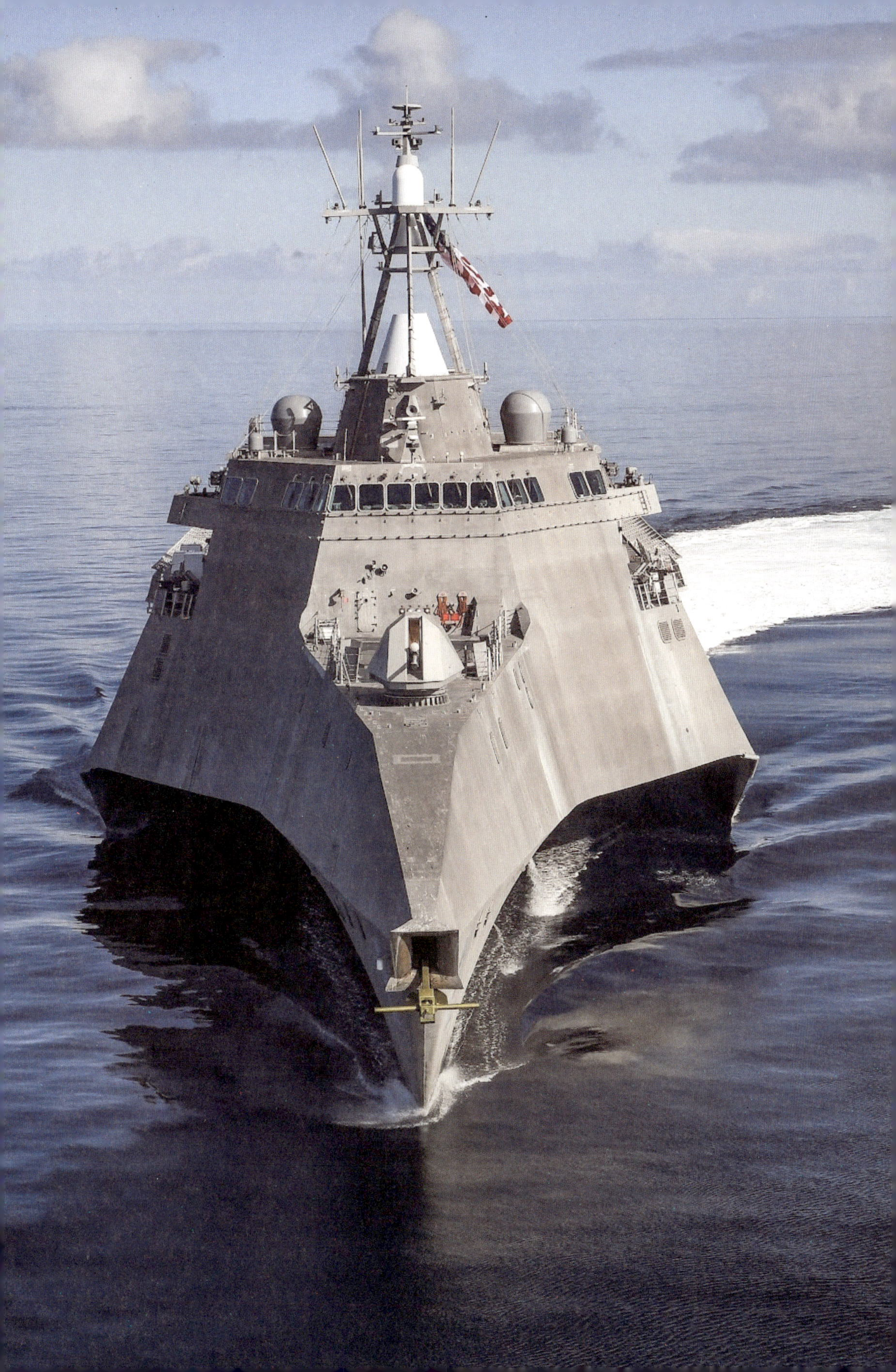

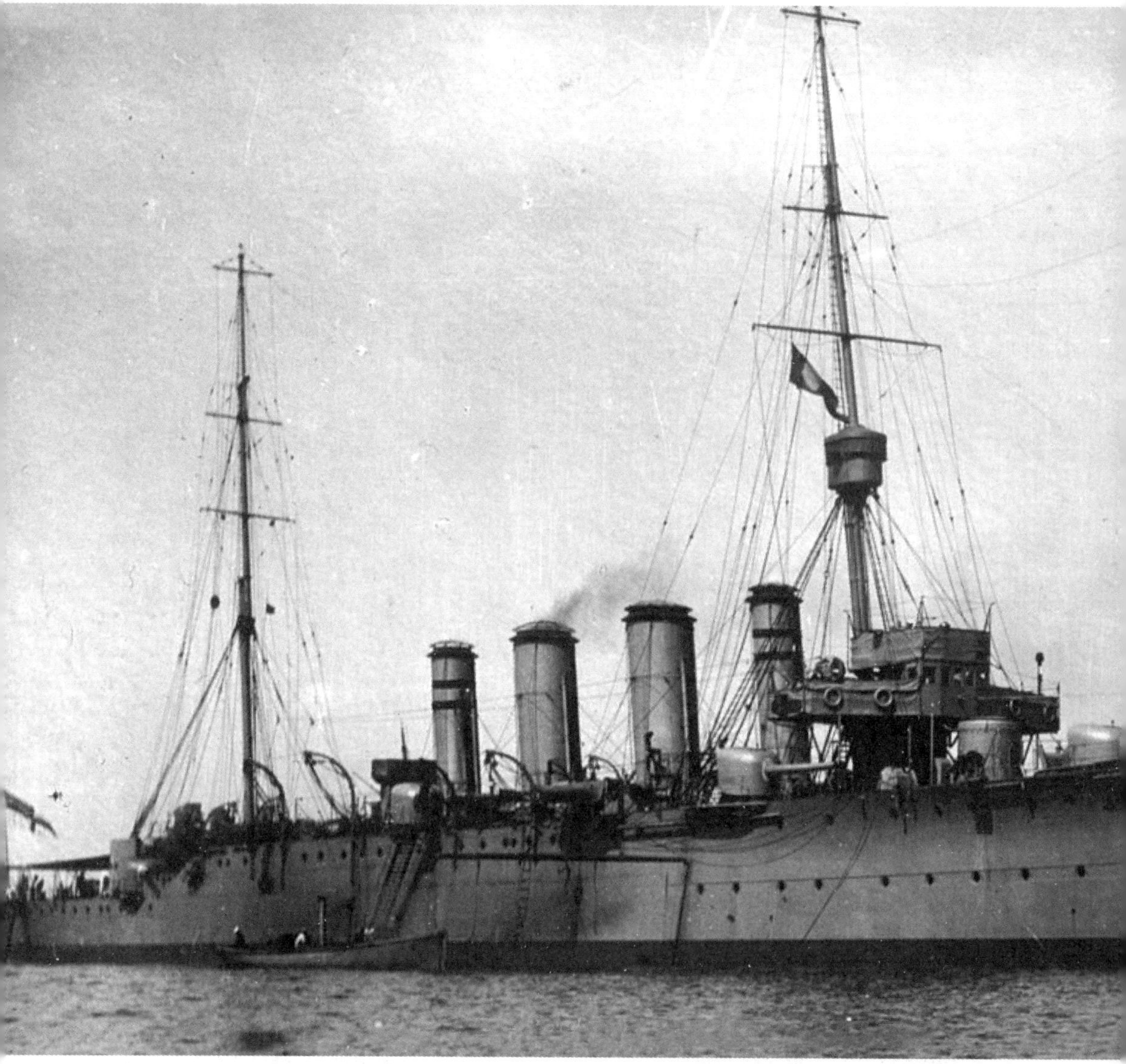

第一章

追根溯源：护卫舰的诞生

Chap.1

护卫舰是一种古老的舰种，早在 16 世纪即中国的明朝末年，人们就把一种三桅武装帆船称为护卫舰。在 20 世纪的两次世界大战中，德国潜艇在海上肆行暴虐，给盟军舰队造成巨大威胁，为了确保安全的海上交通线，盟军建造了大量护卫舰。本章将带你了解护卫舰名称的来历、发展历程以及它与其他舰艇的异同等。

日俄旅顺口海战发生在 1897 年底，是日俄两国为了争夺其在华利益于旅顺口发生的一次大规模海上军事战争。

当时，俄国人以保护其在华利益为名，首先派兵进驻了中国东北的旅顺口和大连湾，并在港口停泊军舰，在岸上构筑炮兵阵地和工事。日本人担心俄国的行动危及其利益，挑起了战争，并于 1904 年 2 月 8 日出动强大的海军舰队，对驻旅、大地区的俄国舰队采取了突然袭击。

俄军针锋相对，出动武装木船和驱逐舰，以港口为依托组织攻防，双方冲突不断。但因俄国的武装木船自身的防护力太差，加之驱逐舰数量又少，使得俄军的防御顾此失彼。为有效应对战争，俄军专门建造了一批排水量只在 500 吨左右的小型护卫舰，但是这批护卫舰稳定性差，战斗力不强，难以与日军抗衡。所以，俄国海军向沙皇提出了建造大型"护卫舰"的请求。这是俄国护卫舰在海战中较著名的一次运用。

护卫舰名称的来历

在 16 世纪之前，船只主要作为民间水上运输的工具，到了 1650 年左右，也就是中国清朝初年，英国采用一种单桅帆船的小型船只作为沿岸防卫与辅助大型船只之用，即赋予了船护卫和战斗的职能，英国人称此种船只为单桅战船。

在随后的 20 多年间，法国人通过多次英法海上争端了解这种战船，并在国内改进、生产，将单桅船变成了三桅船，并命名为"护卫舰"。

因此，准确地讲，护卫舰是指比单桅战船大，而比巡防舰小的一种战船。

翻阅海军发展历史资料，人们发现，作为老牌海上强国，英国的海军发展是比较早的。该国 1757 年下水的"南安普敦"号，是世界公认的第一艘真正的护卫舰。

"南安普敦"号护卫舰在主甲板上安装有 26 门 12 磅炮，后甲板上安装有 4 门 6 磅炮，前甲板上安装有 2 门 6 磅炮，排水量为 671 吨。英国海军在随后的三年时间里，共建成了 5 艘这样的护卫舰。

美国海军的起步较晚，直到 1797 年 7 月，美国海军的第一艘"合众国"号才在费城建成下水。因安装了更多的舰炮，故而其在火力方面有了较大提升。

到 19 世纪，各国海军对各类舰只的分类达成了一个基本共识。将排水量为 2000 吨、安装 80 ~ 120 门火炮、建有三层甲板和三根桅杆的战船称为战列舰；将排水量为 1000 吨左右，安装 20 ~ 40 门火炮、建有两层甲板和三根桅杆的战船称为护卫舰。护卫舰因具有极佳的机动性能，可在大型舰队中承担战区侦察任务，是"舰队的眼睛"。

1850 年左右，船舰的推进动力开始使用蒸汽机，护卫舰也改为蒸汽机和风帆并用。两种动力的使用，主要是为了协调战力与续航的关系，在海上战斗等特定情况下使用蒸汽机做高速航行，远距离的巡航则采用风帆动力以节省经费。到了 1900 年左右，风帆正式从军舰上消失，蒸汽机护卫舰开始出现，但人们并不使用护卫舰这个名称，而是将其归类为巡洋舰。

1897 年底，在中国境内爆发了日俄旅顺口海战，参战双方的结局如何并不重要，但是此战对于护卫舰来说具有划时代的意义。

下面详细介绍一下日俄旅顺口海战的经过以及后续影响。

1897 年，沙皇俄国以保护其在中国的利益为名，派兵进驻中国东北南部的旅顺口和大连湾；他们在港口驻泊军舰，在岸上构筑工事。日本对于中国东北垂涎欲滴，借故俄国的行为危及了日本的在华利益，于 1904 年挑起了战争。2 月 8 日，日军出动舰队，袭击了驻旅、大地区的俄国舰队。

战争爆发后，日军出动大批军舰不断地骚扰俄国舰队，闯入旅顺口军港，攻击俄国舰艇，并用沉船堵塞出入航道，用水雷封锁水面，限制俄国舰队的行动。

面对日军的挑衅，俄军出动武装木船和驱逐舰沿港口巡逻，但是效果不佳。武装木船自身防护力太差，不堪一击。驱逐舰数量太少，顾此失彼。为解燃眉之急，俄军建造了一批专门用作巡逻的小型护卫舰。但这批护卫舰排水量只有 500 吨，航速仅 15 节，稳定性太差，战斗力十分有限。为了打赢此战，俄国海军向沙皇提出了建造大型专用护卫舰的要求，并得到了沙皇的批准。

日俄战争中旅顺口的"闭港战"，正式提出了对专用护卫舰的实战需求，并催生了早期护卫舰作为一级舰种的问世。

而到了现代，护卫舰有了更准确的定义。总体上讲，现代护卫舰是以反舰导弹、防空导弹等空中武器，以中小口径常规舰炮，加上鱼雷、水雷、反潜弹等水下装置为主要反潜武器的中型战斗舰艇。它既可以护航、反潜，又能防空、侦察；既可以警戒巡逻、布雷、支援登陆，还可以保障陆军濒海作战。

在当今世界各国海军编队中，驱逐舰的吨位、火力配置是最强的，其次就是护卫舰，因护卫舰的吨位和自持力不及驱逐舰、战列舰等大型舰只，所以其远洋作战能力相对较弱。

但是护卫舰与战列舰、巡洋舰、驱逐舰一样，均属于传统的海军舰种，其舰只的建造数量大、使用范围广、参加海战的机会多。因此，在各国海军中护卫舰都具有不可忽略的重要地位。

在战争中蜕变

护卫舰和其他海上力量一样，也走过了坎坷，经历了蜕变。

第一次世界大战爆发后，德国陆军在欧洲大陆与以英国陆军为首的协约国展开激战，欧洲大地，狼烟四起，各个战场都需要投放大量兵力和运送战略物资。英国海军和由海军组织的商船队源源不断地从英伦三岛向欧洲大陆各战区运送大批援军和作战物资与给养。运输线也就成了生命线。

为夺取陆上战争的胜利，1917年上半年，德国海军出动大批潜艇，采取"狼群"的战术，发起了大规模、旨在切断对方海上补给线的潜艇战，战绩显著。在开始的8个月，就摧毁了近300万吨位的英国商船。德国潜艇在海上的肆虐行为，给英法各国造成了巨大的损失和麻烦。英法海军高层认识到需要组建一支强大的海上舰队，来为商船队提供可靠的海上护航。于是英国海军建造了一批能够做远洋航行、排水量在1000吨以上的护卫舰，并投入战斗。在实战中收到明显的成效，大大地减轻了英国海上的压力，逐步扭转了战争被动的局面。

　　这批新建的护卫舰不仅为大战赢得了胜利，还将护卫舰由港湾附近的巡逻警戒发展到了远洋的海上护卫，明确地拓展了护卫舰的作战范围。

　　第一次世界大战结束后，英、美、德、日、意五国，在美国首都华盛顿，签订了严格限制各国海军航空母舰、战列舰和巡洋舰等大型舰只发展数量的《美、英、法、意、日五国关于限制海军军备条约》（也叫《五国海军协定》）。对大型舰只的限制客观上为护卫舰的发展提供了一个极好的机会。以英国为例，由于其海外领地很多，需要大量的海外警戒舰只和运输船队的护航舰，因此英国海军从 20 世纪 20 年代末起，逐年设计和建造了以反潜、扫雷以及防空为主要作战任务的几个系列的小型护卫舰，来承担运输船队的反潜护卫任务。

　　第二次世界大战爆发后，德国海军又故技重演，像第一次世界大战中一样，在大西洋上对往返于英国的盟军运输船队再次实施潜艇战。从 1940 年下半年开始，被德国潜艇击沉的英国舰船越来越多，被摧毁船只的吨位数量从 7 月份的 19.6 万吨上升到 10 月份的 35.2 万吨，几乎成倍增加。在严酷的现实以及可以预见的灾难性后果面前，曾任英国海军大臣的英国首相丘吉尔，一方面请求美国派战舰提供水面护航；另一方面，在国内立即着手安排大量建造运输船队专用的小型护卫舰，武器比较简单，航速也不需太高。不久，英国皇家海军就拥有了上千艘这样的专用护卫舰，来担任大西洋运输船队的海上护卫任务，大大地减轻了盟军在海上的压力，减少了运输商船的损失。

　　由于英国护卫舰的战斗力和综合性能较低，并没有从根本上解决德国海军的潜艇继续吞噬盟国大西洋运输船队的现实，德军对盟军仍然具有致命的战略性威胁。鉴于此，1941 年，美国海军将一些巨型商船进行改建并配以适当的火力，使之成为运输船队的护航航空母舰，大大地缓解了德军的军事威胁。

　　通过这件事，盟国迫于德国潜艇的威胁，明确地认识到必须改进护卫舰的续航力、航速，并优化武器装备，尤其是反潜和防空武器。因此，各盟国海军开始建造具有各自不同特色的护卫舰，虽然设计体系各有不同，但是，这类护卫舰的排水量大多在 1500 吨左右，航速为 18 ~ 20 节，续航能力在 3000 多海里，综合性能更加优秀。仅英国一个国家，在三年时间内就建造了近2000艘这样的护卫舰。其中一些吨位较大的护卫舰具备了某些护航驱逐舰的功能。

在这样的背景下，盟国海军的护卫舰与美国护航航空母舰共同为盟军的船队护航，很快就改变了大西洋的海上局势。1943年4月，由40多艘商船组成的代号为ONS5的运输船队，从英国启航驶向美国。德国海军得到这一情报后，立即出动了50多艘潜艇，扑向盟军船队，企图再次摧毁盟军船队。此次战斗为期10天，十分惊险，德国潜艇遇到了有史以来盟国最强势的护航舰队，双方激战达30多次，德国6艘潜艇被摧毁，盟国的护卫舰无一沉没。同年的6月，5艘护卫舰和1艘护航航空母舰护卫另一代号为GS7的运输船队，在大西洋上航行，这次德国海军又出动了30多艘潜艇进行拦截，盟军击沉了15艘德军潜艇，德军落荒而逃，盟军自身无一舰沉没。

盟军以护卫舰、护航航空母舰和驱逐舰为主干兵力组成的海上护航体系，顶住了德国潜艇"群狼"般的凶猛攻击，保住了盟军大西洋上的交通命脉，此系盟军生死攸关的生命线，为盟军在1945年取得第二次世界大战的彻底胜利，奠定了坚实有力的基础。

凤凰涅槃

由于护卫舰在第二次世界大战中的杰出表现，大战结束后，其在各国海军中均占有很高的地位，可以说护卫舰进入了一个全新的发展时期。但是由于各国海军的国防需求、兵力结构以及战略使命不同，各国在护卫舰发展的方向以及建造特点上各有区别。下面就几个海上强国的护卫舰情况，加以说明。

第二次世界大战的结束，奠定了美国的世界强国地位，综合国力强大，使其成为能完全依靠本国力量独立建造先进的大型护卫舰的国家之一。美国由于其海外扩张的需要，海军的护卫舰主要用于为远程海上运输船队护航、保护两栖舰船渡海和支援登陆作战。为了满足上述作战任务需要，美国海军护卫舰非常重视大型化和舒适化。所以美国护卫舰的设计风格是装备有先进而齐全的武器系统、燃料和弹药储备量大、生活设施和舱室宽敞舒适、维修的简单化。比如 20 世纪 70 年代中期美国建造的"佩里"级护卫舰，每艘舰造价达 2 亿美元，在当时来说可谓天价。仅舰上官兵的平均生活设施面积就达 19.6 平方米，为当时所有护卫舰中最大者。

在战后的 40 多年冷战对峙时期，在护卫舰的数量和性能方面，唯一可与美国相抗衡的是苏联。苏联由于国土面积大，舰队基本上是处于近海防御，所以对护卫舰的要求是具有灵活机动作战能力和海上突击的本领，至于储备问题可交由补给船予以弥补。因此，苏联海军的护卫舰也有其一定的设计建造风格，即强调密集的火力配备，不注意油料和生活的储备条件。苏联海军较为重视轻型护卫舰的建造，在其解体前，其轻型护卫舰的数量，超出世界各国拥有数量之和。苏联海军的轻型护卫舰有两个系列，分别是以反潜和防空为主的轻型护卫舰和以对海防御和防空为主的轻型护卫舰。

传统海上强国英国也能独立设计、建造护卫舰。英国皇家海军的护卫舰坚持英国传统造舰模式，兼顾美、苏两国之长处，力求做到储备量和火力配备并重。英国护卫舰注意舰艇的稳定性，中部宽大且吃水深度大，具有较大的续航力，如"诺福克"级护卫舰的续航力达到 7000 海里以上。但英国护卫舰在航速和防卫能力方面却有所不足。

德国也能自行设计、建造护卫舰，其特点是注重全面性能的提高，强调统一协调，以避免顾此失彼。德国护卫舰全面性能之佳，受到世界各国的好评，在国际市场上占有一席之地。

战后，日本的护卫舰以发展轻型舰艇为主，其特点是配备了先进的武器装备和电子设备。法国海军护卫舰的发展风格与英国接近，而意大利则与苏联相近。

战后护卫舰的主要任务除了为大型舰艇护航之外，很多国家更多的是将其用于领海内的巡逻与警戒、为本国渔民护航。20 世纪 70 年代后，护卫舰开始装备导弹和反潜直升机。现代导弹护卫舰比传统的护卫舰更具远洋机动作战能力，在排水量、航速、续航力以及火力配置方面均有较大的提升。排水量一般都会超过 2000 吨，有些甚至达到 5000 吨；航速超过 30 节，有的甚至超过 35 节；续航力在 4000 ～ 7500 海里；武器一般装备有火炮、鱼雷、导弹，有的配有反潜直升机。护卫舰可根据其用途及武器配置分为反舰型、反潜型和防空型。

不受限制的海上轻骑

第一次世界大战时，在英德反潜护航激战中，德军利用"群狼"战术，出动大批潜艇攻击英国运输船队，致使英军损失惨重。德军成功的军事行动让盟军认识到了需要拥有数量充足、专门的远洋航行的战舰来为商船队提供可靠的海上护航。就是在这一认识的基础上，英国海军才开始建造一批排水量在1000吨以上且能做远洋航行的护卫舰。这也将护卫舰由原本港湾附近的巡逻警戒，发展到了远洋的海上护卫，并收到明显的成效。

第一次世界大战的反潜护航，明确地将护卫舰范围拓展到了远洋的范围。

1918年，第一次世界大战结束后，美、英、法、日等国海上竞争日益加剧，为了相互制约，在美国的主导下，1922年初，美、英、法、意、日五国在华盛顿举行会议，会上美国凭借其巨大的经济优势，向他国施压，迫使与会他国签订了《五国海军协定》（下文简称《条约》）。

《条约》规定美、英、日、法、意五国大型主力舰吨位比例为5：5：3：1.75：1.75。

从上述各国主力舰吨位的比例来看，美国获得了与英国相等的制海权，日本的扩张野心在一定程度上受到了限制。

根据《条约》规定，各国航空母舰、战列舰和巡洋舰等大型舰只的发展受到了严格限制，而中小型舰只则不在限制之列，客观上为护卫舰这种海上轻骑的发展提供了一个良好的机会。

20世纪20年代末，英国由于海外领地或殖民地很多，英国海军需要大量的海外警戒舰兼运输船队的护航舰，但因受《条约》的制约而无法生产大型主力舰只如巡洋舰和驱逐舰，只好设计了一批构造较简单且建造周期较短的小型护卫舰，这些舰只的排水量在1000～1400吨、航速为16～18节，以反潜、扫雷以及防空为主要作战任务，也适当承担运输船队的反潜护卫任务。

尽管美国海军于1941年将巨型商船改建成专门用于运输船队的护航航空母舰，但德国海军的潜艇仍然对盟军构成致命威胁。但是在《条约》的限制下，盟军各国也只能加强护卫舰的续航力、航速和武器装备，尤其

➤ 英国"江河"级护卫舰

是反潜及防空武器的改进和提升，而不能无限制地生产大型舰只。在此背景下，护卫舰再一次得到了很大的发展。仅英国，在三年时间就建成1800多艘护卫舰，有的甚至接近或具备了护航驱逐舰的功能。这批护卫舰的出现，使大西洋的海上局势获得显著的改观。

自从盟军有了专业护卫舰以及护航航空母舰，在1943年，盟国与德军的两次反潜护航战斗中，都大获全胜，取得了击毁德军潜艇6艘和15艘而自身不受损失的佳绩。

二战后期的反潜护航，使护卫舰的作用发挥得淋漓尽致，也是护卫舰在不受限制的条件下最为成功的一个发展阶段。

脱胎换骨，家族兴旺

经过百年变迁，护卫舰无论是功能，还是建造规格，都发生了翻天覆地的变化，由最初的单一船队护航发展到积极海战，由近海防卫发展到远洋机动，由 500 吨级的单一用途的小艇发展到 6000 吨的多用途的宙斯盾导弹护卫舰。

尽管现代护卫舰的类型众多，但是根据其用途的不同大致可以分成以下四大类型，即防空型护卫舰、反潜型护卫舰、反舰型护卫舰和通用型护卫舰。

1. 防空型护卫舰

防空型护卫舰的主要任务是防空作战，监视可能来袭的空中目标，反制并摧毁来自空中的打击，保护自身及编队中其他军舰的对空安全，也是舰队编队中专职保护空中安全的舰艇。防空型护卫舰大多配备有多样化的

➤ 德国"萨克森"级护卫舰

高精对空雷达、先进的防空导弹系统、直升机平台等。

比如德国的"萨克森"级防空型护卫舰，是为了迎合海上作战发展形势建造的新型护卫舰，它的 APAR 主动海空搜索相控阵雷达防空性能一流。它采用了先进的计算机控制技术，是德国海军第一艘采用模块化设计的最大的水面舰艇。

2. 反潜型护卫舰

反潜型护卫舰主要针对的是敌方潜艇，一般装备优秀的声呐设备和反潜导弹等武器，同时具有一定的防空能力。大部分反潜护卫舰的排水量小于防空护卫舰。

➤ 美国"佩里"级护卫舰

    挪威的"南森"级护卫舰就是典型的反潜护卫舰，配备了世界上最小的美制"宙斯盾"战斗系统与优秀的无源相控阵雷达，满载排水量近 5000 吨。该舰在设计上以反潜作战为主要方向，装备有 2 组八联装 MK-41 垂直发射系统，装填 ESSM 防空导弹；1 座密集阵近程防御武器系统，口径 40 毫米以下的机炮系统，舰尾安装深水炸弹发射器；一架德、法合制的 10 吨级 NH-90 舰载多用途直升机，装备新型的吊放式声呐、声呐浮标以及 AN/ALQ-211 整合式射频电子反制套件，兼具电子对抗与支援能力，还有红外线反制装备，并加挂 AGM-119 空舰导弹，每架一次能携带两枚。在具备防空能力的前提下，反潜能力十分强大。

    土耳其的"岛"级护卫舰最大的优势也是体现在反潜方面。它装备了土耳其最先进的 TBT-01 型搜索 / 反潜舰体声呐，该声呐能同时跟踪水下目标十几个。直升机甲板和机库可搭载 1 架 10 吨级"海鹰"反潜直升机，执行反潜、海上人员和物资的运输等任务。"海鹰"反潜直升机属于中型直升机，装配的鱼雷、反潜导弹等大大提升了该舰的反潜作战半径。

3.反舰型护卫舰

反舰型护卫舰的作战对象是水面舰只，通常装备有高速反舰导弹、反舰直升机以及火力强大的舰炮等。现代军舰中单纯的反舰型舰只已经不多见，大多数专用护卫舰都同时具备反舰功能，同时也兼具反潜或防空功能。

比如英国"公爵"级护卫舰，是一款兼具防空、反舰和火力支援的护卫舰，其反舰功能更具特色。2座四联装"鱼叉"舰对舰导弹，采用主动寻的雷达，导弹的战斗部重27千克，飞行速度近1马赫，最大射程134千米。而土耳其"岛"级护卫舰上主要的反舰武器也是2×4联装"鱼叉"反舰导弹发射系统和8枚"鱼叉"导弹。

4.通用型护卫舰

通用型护卫舰就是指同时具备反舰、反潜以及防空功能的多用途护卫舰，各种功能的配置基本相当，没有哪方面比较差，但是会有某一方面特别优秀，在护卫舰中50%以上都是通用型的。比如法意联合研制的"地平线"级多功能护卫舰、瑞典海军自行设计建造的"维斯比"级轻型护卫舰等都是多用途通用型舰只。

多功能通用型护卫舰将是现代护卫舰的主要发展趋势，护卫舰只有在保护好自己的前提下才能有效地保护他人，这就要求护卫舰本身必须有强大的攻防能力，无论在反舰、反潜还是防空方面都必须具备一定的实力。单一功能的护卫舰越来越少地被利用于某些局部的防御或配合中。

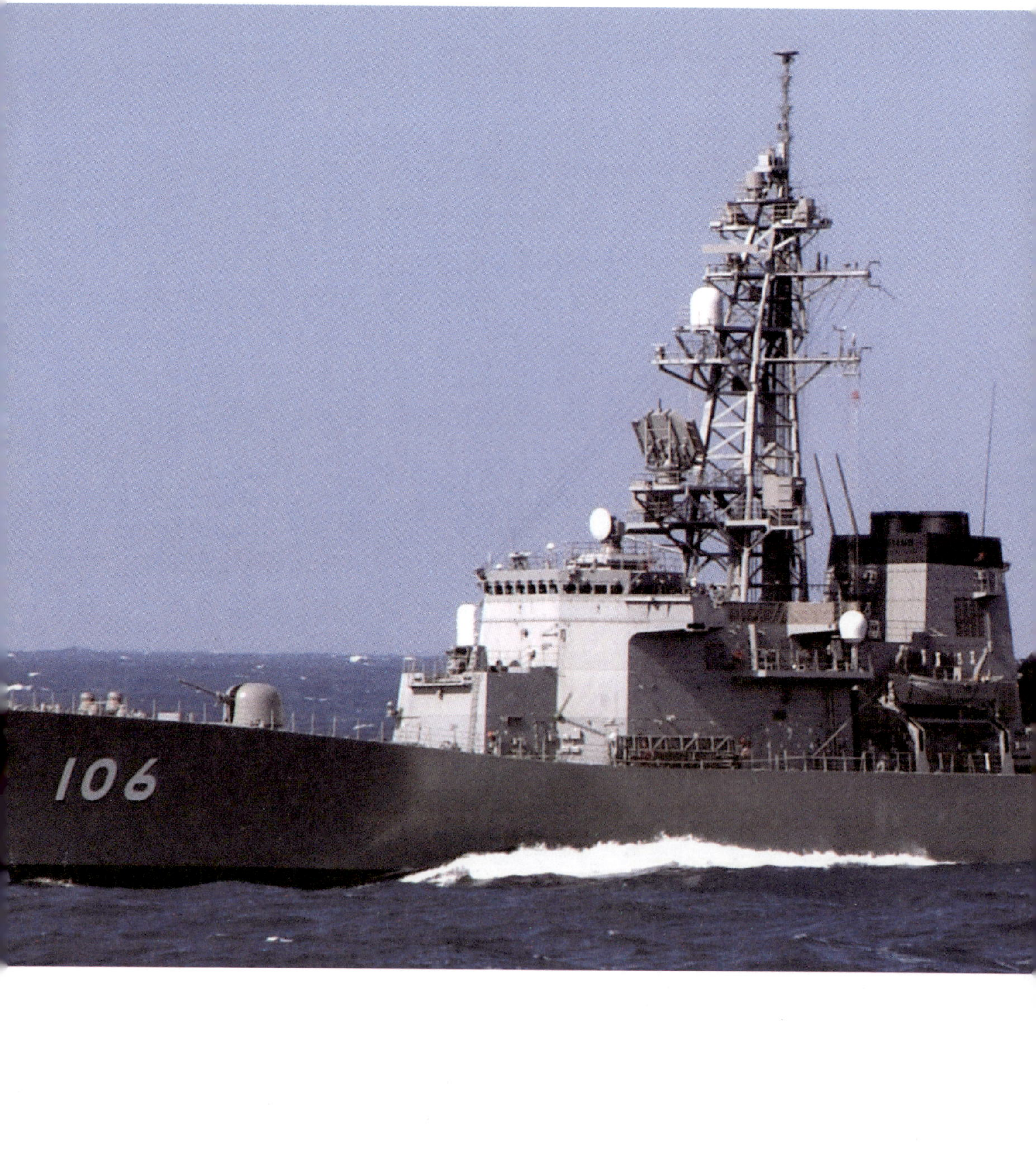
106

第二章

透视护卫舰的基本配置

Chap.2

护卫舰作为一种海上作战装备,肩负着近海防卫作战的使命,其船体构型、动力装置等基本配置直接关系到它的战斗性能。本章从护卫舰的总体配置说起,结合它所必需的几大基本要求,进行详细介绍。

　　1793 年 1 月，法兰西第一共和国处死了法王路易十六，为此，英国驱逐了法国大使，两国关系紧张。同年 2 月，法国对英国宣战。由英国为主组建的反法联盟与法国进行了长达 5 年的英法战争。1799 年，拿破仑政变上台，他的军事天才使得法国节节胜利，反法联盟破裂。英国与法国随之签约休战。不久，战火又起。此时的英国海军实力高于法国，拿破仑试图避开英国海军而直接攻击其本土，先派出法国与西班牙的联合海军舰队去挑逗英国海军，以期吸引英国海军到海上去玩猫鼠游戏。法西联军不敌英国海军，很快就被困在加的斯海港。拿破仑不满指挥官维尔纳夫，打算撤换他。在新指挥官尚未到达之际，维尔纳夫即率领整个联合舰队冲出加的斯海港，遭到英军的伏击，特拉法加海战爆发。战斗持续了 5 个多小时，虽然英军主帅战死，但是战争最后还是法西联军惨败，维尔纳夫以及 21 艘战舰被俘，拿破仑进攻英国本土的计划也随之宣告失败。而英国则进一步提升了其海上霸主的地位。

护卫舰的三大基础部分

　　现代军舰的构造十分复杂，但是最重要和基础的部分还是船舶部分，护卫舰也一样，其结构分很多部分，综合来看，可归纳为船体、动力装置、舾装三大基础部分。

1. 船体

　　船舶最基本的部分是船体，船体又分为主体和上层建筑，甲板以下的部分叫主体，甲板以上的部分叫上层建筑。主体由船壳和上甲板组成，船壳又包括船底及船侧，上甲板是用某些材料围成的具有特定形状的空心体。

　　主体是船舶的核心，它决定了船舶的浮力和船体强度等性能，主要用来装载货物，储存燃油和淡水，布置各类舱室。动力装置也安装在此。通

➤ 船体透视图

常在船体设置若干坚固的水密舱和内底，为保障船体强度、提高船舶的抗沉性，有些船采取加设中间甲板或平台的方式，将主体部分分隔若干层。

上层建筑由前、后、左、右四壁和各层甲板围成，主要用来布置各种用途舱室，如物质贮藏舱、船员生活舱、船员工作舱、仪器和设备舱等。上层建筑的楼层数、大小尺寸及样式可以因各种船舶的用途而定。

2.动力装置

动力装置主要包括船舶的动力、主机、推进系统、船舶电站以及其他辅助机械系统。

主机包括发动机和锅炉等；推进系统包括减速装置、传动轴系、驱动推进器、螺旋桨；辅助机械是指除主机和推进系统以外的所有动力辅

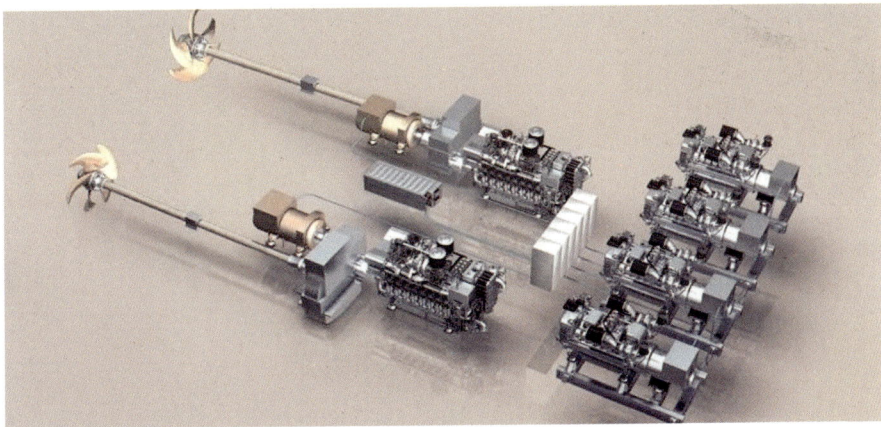

➤ 军舰动力结构图

助设备和装置，如空压机、船舶各系统的泵、起重机械设备、维修机床等；船舶电站是为整个船舶提供电力的系统，包括照明和船上所有系统所需电源。

3. 舾装

除了船体和动力装置以外，船上的其他装置和设备统统归属舾装部分，包括舱室内装结构、电子设备、桅杆、家具和生活设施、武器以及其他装置等。其他装置中，包括通信照明设备、锚泊设备、救生消防设备、舵与操舵装置、空调和冷藏设备、供水系统以及损管相关部分等。

护卫舰需具有良好的机动性，故舰身都是菱形且表面光滑的，舰体修长；加上护卫舰要承担反潜任务，所以其内装球鼻艏声呐，吃水浅，水线面小。武器配置比较简洁，一般护卫舰舰首装有中口径速射舰炮，尾部有直升机甲板和机库。现代护卫舰大多采用隐形设计，外露设备很少。

护卫舰还有外装的大型反舰导弹发射箱，防空导弹则装在舰首和舰中部甲板下，不容易看到，舰尾还有一些近程防空火炮和雷达电子设备。

➢ 舰艇柴油燃气轮机

护卫舰的四大通用系统

总体而言，护卫舰的结构十分复杂，除了具备普通船舶的一般特性之外，根据其作用的不同，在结构上也各色各样。护卫舰通常划分为承载系统、动力系统、船电系统、武器系统、损管系统和后勤系统六大主要系统。承载系统主要指船体；动力系统包括蒸汽、柴、燃、电力以及各种组合；船电系统包括各种雷达、电子监视系统、声呐、干扰器、作战情报指挥系统；武器系统包括舰炮、反舰、防空、反潜、舰载机系统、电子电磁雷达系统；损管系统包括逃逸、封堵等；后勤系统包括供给保障、居住等。

对护卫舰的结构划分越来越细致，但以下四大系统是通用的。

1. 动力系统

由于护卫舰的多用途特征，其在世界各国海军中都占有相当重要的地位。

根据所担负的不同任务以及其侧重点，护卫舰可分为反潜、对海、对空和综合型，不同类型的舰只对动力装置的要求也不尽相同。

护卫舰总体排水量、航速与续航能力的大小是决定该护卫舰选用何种动力方式的关键因素，同时各国还需根据自身的技术和资源状况来合理、经济地选择动力系统。

现代护卫舰没有严格意义上的划分标准，有些国家把排水量4000吨的舰称为护卫舰，有些国家则把排水量3000吨的舰称为驱逐舰。现在国际上大多将排水量在500～2000吨的舰称为轻型护卫舰，把排水量在2000吨以上的舰叫护卫舰。而我国没有细分，通称为护卫舰。

（1）动力系统的基本形式

普通舰船常用的动力主要有柴油机、燃气轮机和蒸汽轮机三种基本形式的推进装置。

早期烧煤的蒸汽机已经被淘汰，现在的蒸汽轮机一般烧的是重油，通过锅炉提供蒸汽，靠蒸汽来推动活塞产生动能。燃气轮机的燃料早期是航空煤油，现在也是选用各类重质或轻质燃油，通过燃油膨胀推动涡轮旋转产生动能。柴油机顾名思义是使用柴油，靠柴油的膨胀推动活塞而产生动能。现代舰艇也有很多选用核燃料的。

三种基本形式的动力在质量、最大功率配置、尺寸、机动性、经济性、操纵等方面都各有利弊。比方说蒸汽轮机装置的功率范围大，但因为它必须使用锅炉而体积较大，其单位质量和经济指标都较低，且起动备航时间长、机动性较差。柴油机装置的尺寸和质量与功率要求成正比，也就是说功率要求越高机器的尺寸就越大，这样，在大功率舰船上就难以使用。燃气轮机虽然质量轻、尺寸小，但由于其零件精密而使用寿命短，而且在低工况即怠速时，油耗也较高，经济性不好。

从上面的分析来看，任何单一形式的动力装置都不能满足舰船的全部要求。为了提高舰只的战斗力，就必须提高舰只的航速和机动性能。因此在过去数十年间，世界各国的大型舰只大多采用燃气轮机与其他机组的组合，从而改善燃气轮机在某些负荷段的不良性能。

所谓"组合"就是我们通常所说的联合动力装置，它能最大限度地体现出各类动力的优势，不仅满足了在舰船全速航行时能发出全功率，而且在低速巡航时又较经济，因此得到广泛的应用。

（2）联合动力装置

联合动力装置是指将两台或两台以上同类型或不同类型的发动机通过特使齿轮箱装置并车，同时使用或者是交替使用的推进装置。现今世界各国已应用的联合动力装置主要有柴燃联合型、全柴联合型、全燃联合型、燃蒸联合型等。使用最多并且具有代表性的是柴燃联合型，即柴油机与燃气轮机交替驱动的方式。这种动力方式既发挥了柴油机经济性好的优势，又利用了燃气轮机功率大、尺寸小、重量轻、转换速度快等优点。在低工况时柴油机工作，避免燃气轮机油耗过高的问题。柴燃联合动力装置的最主要的优点就是起动快、机动性好、备航时间短。很多国家现在都采用柴燃联合动力装置。

（3）联合动力装置的结构原理

综上所述，联合动力装置就是将不同类型或型号的多台发动机主机、传动推进装置等进行组合，从而发挥每型主机的各自优势和特性，以此来满足舰艇不同航行状态下的动力需求。

在联合动力装置中，使用最普遍、数量最多的就是柴燃联合动力推进装置，该装置中用得最多的则是柴燃交替推进型方式，也就是将一台燃气

➢ 护卫舰动力系统

轮机和一台柴油机进行组合。燃气轮机按照全速航行状态选配，需要高速航行时使用燃气轮机单独驱动，以保证舰只全速航行时接近其额定功率运行。而柴油机功率是按巡航速度的需要选定的，在低速巡航时则使用柴油机，两者通过自动同步离合器来转换驱动。这样，既能保持巡航时较经济的油耗，又可以达到高速航行时的功率需求。

柴燃联合动力装置的另一种推进方式是三机两轴式配置模式，就是一台燃气轮机加两台柴油机的组合，以此来驱动双螺旋桨。在低速巡航阶段使用一台或两台柴油机，中速行驶阶段选用燃气轮机，全速航行阶段则采取三机联合并车工作。这种配置方式虽然避免了燃气轮机和柴油机单独驱动各自的螺旋桨的拖桨损失，但也存在并车控制系统和齿轮箱复杂、两种动力源的同步调速和功率匹配等方面的复杂问题。

➢ 全柴联合动力装置

随着柴油机技术的发展，大功率柴油机的性能已接近燃气轮机，基本能够满足护卫舰等中型舰艇的动力需求，因此"全柴"动力应运而生。这种模式尤其被那些工业化水平欠发达的国家所青睐。全柴动力中，使用两台或三台同型号的柴油机者居多，通过并车组成一根动力推进轴。高速时全部机组工作，低速巡航时由一部机组工作，转换十分简单。但是全柴联合动力还有一个因柴油机噪声大而容易被敌方探测到的弊端。

单一类型的动力系统相对简单，联合动力系统在动力匹配和动力平衡方面比较复杂，参与联合的单机越多，平衡和匹配系统就越复杂，因此，各国在选择动力类型的时候都会结合自己的技术实力、实际需求和经济性而定。

2. 火力系统

2018 年 3 月 15 日，随着菲律宾马尼拉甲米地海军基地 PS11 "拉贾·胡马邦"号护卫舰海军旗的徐徐降落，宣告了该型护卫舰作为一个时代的标志而正式退役，它不仅是菲律宾最古老的军舰，也是世界上现役海军中使用的最古老的护卫舰。该舰的火力配置代表了那个时代的先进性，即便在当今，其火力配置也不落后。

PS11 "拉贾·胡马邦"号护卫舰的前身 DE169 "阿瑟顿"号护卫舰是美国海军 72 艘 "坎农"级护航驱逐舰之一（美国当时称该级舰为护航驱逐舰），由美国新泽西州联邦公司造船和船坞公司耗时 8 个月生产完成，该舰于 1943 年夏季交付，自 1944 年初开始在美军海军服役。

正是因为其先进的火力系统，1945 年 5 月 6 日，"阿瑟顿"号护航驱逐舰协助美军舰队击沉了德国 U-853 号潜艇；三天后，"阿瑟顿"号在波士顿附近再次给敌方潜艇以沉重打击。6 月，"阿瑟顿"号参加了在太平洋针对日本的最后军事行动，取得了不错的战绩。1945 年底，"阿瑟顿"号返回大西洋后即从美国海军退役。

二战结束后，美国成了日本的保护国，1955 年 6 月 14 日，"阿瑟顿"号被交付给日本海上自卫队，日本将其命名为"初日"号，1975 年 6 月该舰退役，日本将此舰归还给美国。

20 世纪 80 年代，出于美菲准军事同盟的关系，1976 年 9 月 13 日，该舰又在"军事援助"的框架下交给了菲律宾，1979 年在韩国经过大修，

1980 年 2 月列装菲律宾海军，被命名为 PS11 "拉贾·胡马邦"号，随后，作为巡逻护卫舰正式成为菲律宾海军的旗舰。

尽管在菲律宾服役期间"拉贾·胡马邦"号进行过多次维修，但是在武器方面并没有进行大规模的升级，仍保留了二战期间主要的炮兵武器。其火力配置包括用于近防的 6 门 20 毫米舰炮、4 挺 12.7 勃朗宁机枪，反舰武器是 3 门 40 毫米 56 倍口径的双管舰炮、3 门 76 毫米 50 倍口径舰炮。1995 年，菲律宾海军对 PS11 "拉贾·胡马邦"号护卫舰进行了最后的一次维修，拆除了已经陈旧且丧失了工作性能的两套火控系统，并且换装了较为先进的雷达和导航系统。一艘护卫舰能服役三国、退役 4 次，这在护卫舰的历史上也是不多见的。

二战结束后，军事工业，特别是火箭、导弹以及电子技术飞速发展，护卫舰的火力配置得到了极大的提升和改进。除少数大国的护卫舰为大型舰艇护航外，绝大多数国家都用于巡逻、近海警戒或护渔护航。由于国情的差异，各国护卫舰也发挥着不同的作用。美国的护卫舰主要用于为海上运输舰船护航，护卫其两栖舰艇进行渡海和登陆作战，而且其反潜能力也极具优势。

冷战期间，为了对抗美军，苏联海军护卫舰的主要任务是伴随舰队在公海以及其漫长的海岸线上反潜警戒和近海巡逻，这就要求护卫舰能快速机动。因此，在 20 世纪五六十年代以前，苏联的护卫舰比美国海军的护卫舰吨位要小得多，只有 1000 吨左右。到了 20 世纪 70 年代，苏联海军的护卫舰吨位也逐渐增大，如"科尼"级反潜护卫舰的排水量就达到了 2000 吨。

20 世纪 70 年代，美苏进行激烈的军备竞赛，开发和制造了各种名目繁多的护卫舰，与此同时，英国、法国、德国、西班牙、日本等国家也不甘落后。

英国研制了一款大型远洋反潜护卫舰，首制舰是"大刀"（也叫"佩刀"）号，最高航速 30 节，排水量 3556 吨，舰上装有 2 座"海狼"防空导弹发射架，4 座集装式"飞鱼"反舰导弹发射架，配 4 枚"飞鱼"导弹、2 门单管 40 毫米口径舰炮。此外还装备有鱼雷发射管、反潜直升机等。因此，该舰自身具备了多用途、强火力的远洋反潜护卫能力，从而将护卫舰的作战范围从近海推向了远洋。该舰在马岛战争中的出色表现，足以说明其火力配置的强大和合理。

除了增强护卫舰的常规火力，20 世纪 70 年代后，绝大多数护卫舰都装备了导弹和直升机，因此"导弹护卫舰"横空出世。导弹护卫舰要具备下列条件：能独立地远洋机动作战，一般满载排水量在 2000 吨以上，航速不低于 30 ～ 35 节，续航力 4000 ～ 7500 海里，武器至少配置有导弹、鱼雷、火炮等。

近代以来，在导弹护卫舰上舰载机也得到了广泛的应用，一般一艘导弹护卫舰，配备有 1 ～ 2 架直升机。众多导弹护卫舰为了应对原子武器和防化学武器的需要而改进舰艇外形，注重隐身效果。

总体来说，护卫舰根据其主要作用的不同，火力配置也不同。下面着重介绍通用型、反潜型、防空型、反舰型四种典型护卫舰的火力配置的要求。

（1）通用型护卫舰的火力配置

通用型护卫舰的火力强调的是在各个方面的能力都要均衡、合理、全面，无论哪一方面的实力都不可以太弱。

美国"佩里"级护卫舰是一款通用导弹护卫舰，其武器配置兼顾了防空、反潜和反舰多方面的要求。

防空方面分为三个层次，近程防空使用了 6 管 20 毫米"密集阵"近程武器系统，该系统射程约 1.5 千米，以每分钟 4500 发的频率发射；近中程防空使用 40 枚"标准"舰空导弹，射程为 46 千米，可以编队防空；远程防空采用"佩里"首舰级专用防空导弹系统。

反潜方面分为两个层面，远程反潜由 2 架作战半径为 160 千米的反潜直升机来实行，直升机上面配有电子侦察、搜索雷达、磁探仪、声呐浮标，以及直升机数据链等设备，携 2 枚威力巨大的巨型鱼雷。近程反潜则由 2 座三联装鱼雷发射管组成，该鱼雷发射装置可以发射多种型号的近程鱼雷。

反舰方面也分为三个层面，近程反舰由意大利生产的一种 76 毫米近程舰炮担任，每分钟可以射 85 发，射程可达 16 千米；由美国知名的中程直升机 SH-60 担任中远程的反舰任务，该直升机在执行任务时可以携带 2 枚射程为 30 千米的"企鹅"反舰导弹；远程反舰是 4 枚射程 130 千米的"鱼叉"反舰导弹，采用半主动雷达制导。

（2）反潜型护卫舰火力配置

反潜型护卫舰的火力配置重点在于反潜措施和武器上，其他方面的功能也需要适当兼顾。

日本"村雨"级反潜护卫舰，是一款以反潜为主的护卫舰，其防空仅限于短程点的防御。该舰同时装备有两套垂直发射系统，MK-48舰载垂直发射系统和MK-41舰载垂直发射系统，MK-48发射防空导弹，MK-41则用来发射火箭助飞鱼雷。"村雨"级反潜护卫舰还配备了有源相控阵雷达及其数据处理系统，使得其具备相当程度的战场空域控制能力。

该舰反潜火力强大，主要是采用MK-41垂直发射系统，并配备美制垂发反潜火箭，其射程较以往的反潜导弹更远。在舰艇的前烟囱两侧分别装有一具三联装鱼雷发射器，可以用来装填美国和日本不同型号的鱼雷。"村雨"级反潜护卫舰配备有可容纳两架直升机的机库和起降甲板，并装备有两架日本产SH-60中远程"海鹰"直升机。

（3）防空型护卫舰火力配置

一般类型的护卫舰都具备一定的防空能力，特别是通用型护卫舰，大多在防空方面下很大的功夫。以防空为主的护卫舰，更加会在防空措施方面下功夫，选择自己最擅长的武器。如西班牙"巴赞"级F100型多任务防空护卫舰，在防空方面就采取了三道防线。

西班牙"巴赞"级F100型多任务防空护卫舰是世界上首款除美国以外的国家配置的全自动"宙斯盾"系统，其精确打击能力很强。无论是在反潜、防空还是反舰方面都有良好的配置。仅在防空方面，就设置了中远程、短程和近防三道防线：第一道中远距防线由SM-2MBlock IIIA防空导弹担任，该导弹性能全面，对超声速导弹也具有拦截能力，有效区域150千米，第一道防线针对的主要是来自空中的战机或中低空飞行的导弹；第二道短程近距防线，由改进型"海麻雀"（ESSM）担任，主要是为舰队和自身提供防御，有效区域30千米；第三道近防线配置的是"梅罗卡"（MEROKA）近防火炮，该火炮的设计效果犹如美国的近防"密集阵"系统，为舰只自身提供保护。

（4）反舰型护卫舰的火力配置

目前单一反舰护卫舰已经不多，一般护卫舰都具备反舰能力，反舰主要是利用反舰导弹、舰炮和反舰直升机等。

3. 信息系统

现代海战的形式将是"网络中心战"的形式。所谓"网络中心战"就是通过战场各个作战单元的网络化，让分散配置在各处的战斗队或岗位人员同时了解和感知战场的现状和态势，及时改进信息和优化指挥效果，把信息资源变为作战优势，提升舰艇的综合打击能力，从而发挥最大作战效能。

"网络中心战"利用计算机信息网络对处于各地或者各分散岗位的战斗队或战斗人员实施一体化指挥和控制，让所有作战单元共享信息，方便沟通，协调一致，最终优选制订出最有效的作战计划，实时掌握战场态势，缩短决策时间，提高打击速度与精度。

护卫舰作为海战中关键的环节，其在战争中的表现直接影响整个战局的发展和成败，而舰只自身的信息化对于协同作战至关重要。护卫舰的信息系统除了单舰信息系统外，还需与整个舰队甚至最高级的指挥中心相结合。

（1）信息的采集

在护卫舰上，信息的主要来源是各种舰载船电装置，包括雷达、摄像仪等。下面以日本"村雨"级护卫舰和俄罗斯22350型护卫舰为例，阐述护卫舰的信息采集方式和来源。

日本"村雨"级护卫舰是世界上率先配备舰载有源相控阵雷达的舰艇。有源相控阵雷达也叫三维对空搜索雷达，它配置了以数字处理为基础的舰载战斗系统，使得该护卫舰具备了强大的数据处理能力和战场空域管控能力。舰载战斗系统也就是舰桥司令室系统，该战斗系统配以两台美制UYK-43B主电脑，两台电脑具有明确的分工，一台负责空中／水面目标，另一台则专门对付水下来袭目标，两台主电脑也可以相互备援，以防任何一台电脑机能丧失或工作不正常。

另外，该系统还配置了多台彩色显示器，及时监控来自各方面的动态。该战斗系统是美国自行开发的OYQ-9系统，整合了美制相关资料链和直升机资料链，将战场信息与信息库信息及时比对，以便正确决策。此外，作战室内还安装了两台大型的LCD液晶显示器，能完整地显示战场态势

> 日本"村雨"级护卫舰

和状况，并可以立体监控水上、水面、水下数百个目标。

"村雨"级护卫舰对空搜索有源相控阵雷达的整面天线阵列由 3000 个天线单元构成，这些五位移相器天线单元具有目标追踪标定、远程对空警戒、中程对空 / 平面搜索、对防空导弹实施中途导引、给自己的战机指示目标等功能。该对空搜索雷达在搜索低空目标时距离可达 40 千米，最大水平搜索距离可达 210 千米，并可同时追踪 150 个目标。

"村雨"级护卫舰的高性能有源相控阵雷达搭配了具有强大资料处理能力的战斗系统，使得"村雨"级护卫舰的战场空域管理能力大大提升。此外，它还配备了 OPS-28DG/H 波段平面搜索雷达，能有效地侦测超低空飞行的小型目标、潜艇的潜望镜和掠海反舰导弹。

"村雨"级护卫舰还配置了 OPS-10 导航雷达，能分辨出舰只附件的小型船只，以免发生撞船。电子战方面配备的是 NOLQ2/3 电战系统，具备电子支援（ESM）与对抗（ECM）功能，电子支援的接收天线安装在主桅杆顶部；而电子对抗的天线则安装于主桅下端的两侧，用以测定电磁波的来源方向。

"村雨"级护卫舰利用导航雷达和电子对抗系统收集海上信息，利用对空搜索雷达收集空中信息，利用平面搜索雷达收集水下或掠海信息，所有收集到的信息经过数据处理系统进行处理后，再传输到相关部门或人员，以供战场参考决策。

俄罗斯 22350 型护卫舰的信息采集系统主要是由一部多功能 C 波段防

空相控阵雷达系统和一座平板状三维阵列天线旋转雷达组成，该信息采集系统能同时有效地追踪空中目标 400 个与水面目标 50 个。还有一部反舰追踪火控雷达，用来侦测收集来自海面敌舰的位置等信息，该雷达有超地平线侦测能力，安装在舰桥的顶部。还有一部俄制整合光电 / 雷达火控系统，可以为舰炮制导。

22350 型护卫舰还在舰只不同的部位安装了各类辅助侦测设备。比如在桅杆两侧平台上的几种电子战设备，舰桥顶部左右两侧安装的光电态势感知显示系统，主炮后方和机库两侧分别安装了多个诱饵发射器及 8 具干扰弹发射器。

22350 型护卫舰在反潜方面也下了很大功夫。配置有两套声呐，一套是俄制黎明组合声呐系统，另一套是光晕主 / 被动拖曳阵列声呐。这些声呐可以探测浅海 30 千米内及深海 60 千米内的潜艇；可以探测水面超过 100 千米的舰艇；还可以探测到 30 千米内正在接近中的鱼雷，并自动追踪。

（2）信息处理

护卫舰上的信息处理和甄别系统主要是依靠舰载超大容量的计算机系统。信息通过舰只的整体信息系统，包括传感网、情报网和作战网等，汇集到作战指挥中心，在经过计算机系统和战斗指挥系统的甄别和处理后，快速形成战斗指令。

传感网由位于陆、海、空、天的各种传感器以及有线或无线的网络

▷ 日本"村雨"级护卫舰

组成，为指挥中心提供联合作战环境及敌我双方状况的真实情景和感知，使之展示真实的战场态势，保证在作战过程中感知到的信息与战场态势同步。

情报网是至关重要的部分，是保证信息畅通的前提条件。它提供计算和通信的基础设施，使指挥中心能进行信息接收、信息传输、信息处理、信息存储，还能进行信息保护，防止本机系统受到任何网络攻击和网络入侵，保证指挥员从 CI 系统获取的信息是真实、有效和可用的。

作战网利用计算机处理的最终真实结果，结合系统中众多的模拟数据，作出快速合理的建议和结论，供战场指挥员参考。作战网的核心功能就是有效地利用传感网和情报网的信息进行精确快速地指挥，以获取最佳的作战效果，最大限度地彰显己方的综合战力，以最小的代价取得战争的最后胜利。

4.作战管理系统

随着数字化和网络化的发展，绝大部分现代护卫舰上都配置有作战管理系统。

所谓作战管理系统简单地说就是一个指令中心和数据处理中心，在现代海战中几乎全部是以"网络中心战"为作战模式。作战管理系统必须结合本舰的具体实际，将情报网、传感网收集传输的信息，经过计算机处理后输送给作战网，再根据战场态势的变化作出快速响应，发出精确的作战指令。作战管理系统是舰艇能否打赢战争的关键保证和神经中枢。

瑞典的"维斯比"级轻型多功能隐身护卫舰，是世界上隐身性能最强、最机动灵活的护卫舰，舰体虽小，但其作战能力不弱，尤其是利用作战管理系统有效提高反潜能力方面比较突出。

"维斯比"采用的是 C3I-9LVCETRS 作战管理系统，是一种模块化的、实时的开放式系统。该系统由瑞典萨德公司研制，能与主、被动声呐结合、完全一体化。作战信息中心设在该舰的中部，中心内建有 12 个多功能操作台。为了与非军信息网兼容，简化操作程序，该系统采用的是 Windows NT 操作系统。

➢ 瑞典"维斯比"级护卫舰

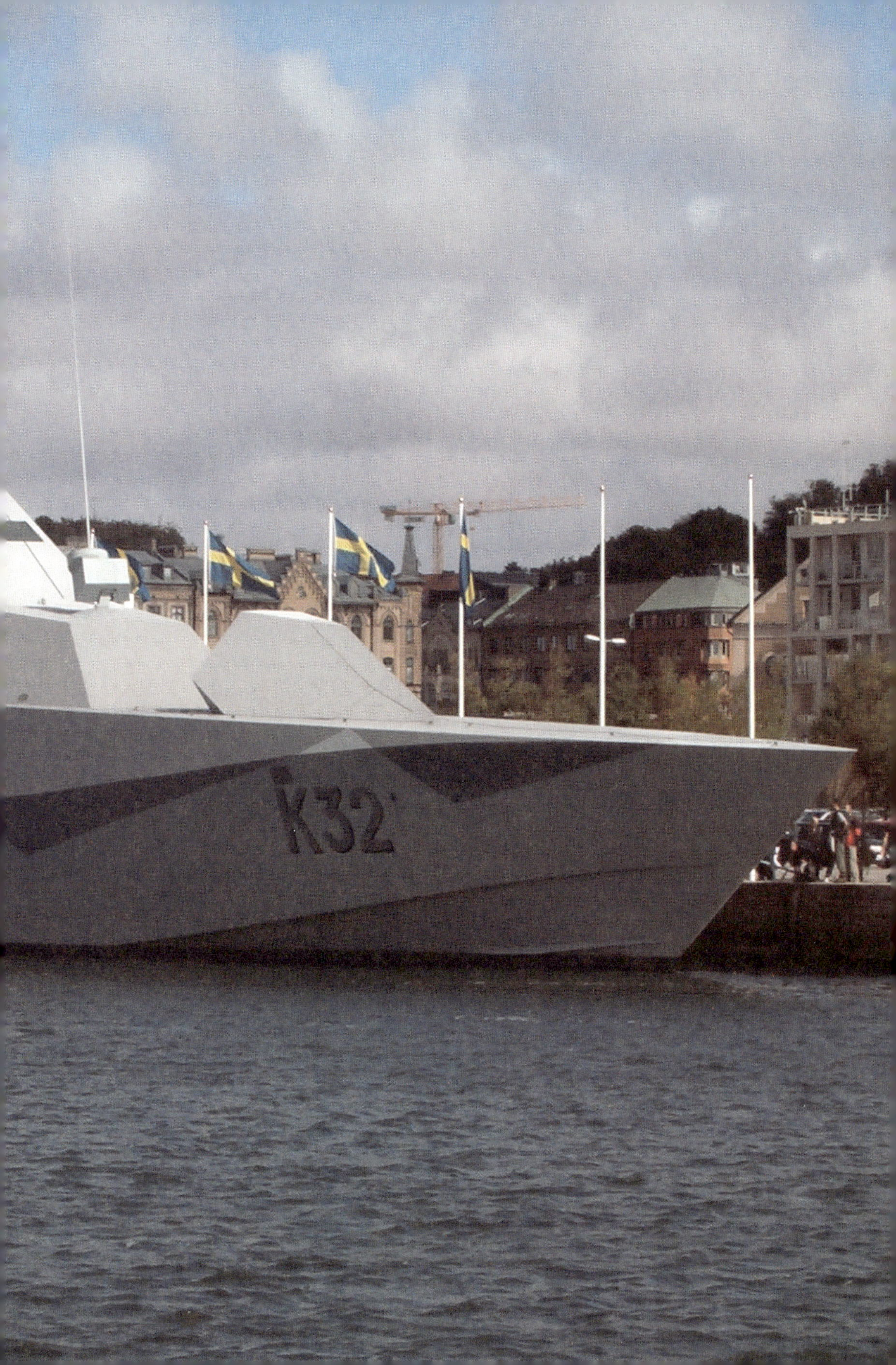
K32

第三章

全球主要军事大国的护卫舰

Chap.3

世界上许多国家都是曾经的海上霸主，"日不落"大英帝国如此，俄罗斯也是如此，就连西班牙、葡萄牙、荷兰这些国家也曾因在海上殖民他国，强大一时。而护卫舰都是他们赖以扬威海上的重要工具。本章介绍几种全球主要军事国家曾经称霸海上的利器——护卫舰，以便进一步体会它对各国海军的作用与意义。

历史上的印度一直谋求南亚的霸权，多次挑起与周边邻国特别是巴基斯坦的争端。20世纪80年代初，中苏关系极其恶化，而此时巴基斯坦东部的孟加拉地区的独立运动也风起云涌，巴国内局势动荡。印度抓住可乘之机，于1971年11月11日对孟加拉地区发动了突然袭击。印巴再次爆发战争，史称第三次印巴战争。战争的结果是东巴基斯坦军队投降，印度成功占领了孟加拉地区。战争结束后，亲印度的孟加拉自治政府在印度的扶持下宣告独立。印度终于达到了肢解巴基斯坦，称霸南亚的目的。

一枝独秀：美国"佩里"级护卫舰

二战后美国海军的各种舰只总量已达900多艘，大多数舰只的使用年限已经超过20年。因此从20世纪50年代中期开始的"舰队更新和现代化改造计划"和70年代初进行的"高低档舰艇结合"政策，都旨在发展驱逐舰、巡洋舰、攻击舰以及航空母舰等大型高档舰只，以应对当时冷战期间的苏联。同时，大批退役的老驱逐舰和老护卫舰也需要迅速补充，美国海军当时的各类专业护航非主力战舰也各行其是、杂乱无章。

➤ 美国"佩里"级护卫舰

因此，美国海军提出了一个新的造舰计划，即 SCB261 设计案，以期可以快速、经济地生产大批护卫舰。

在 SCB261 设计案中，"佩里"级护卫舰是美国海军中性能适中的通用性导弹护卫舰，是美国海军建造的主要装备防空武器的导弹护卫舰。首舰的全名是奥利弗·哈泽德·佩里，其命名源自 1812 年美国第二次独立战争中的美军英雄 Oliver Hazard Perry，他是 1853 年在"黑船事件"中敲开日本闭关国门的美国海军准将马休·卡尔布莱斯·佩里（Matthew Calbrath Perry）的兄长。

该级舰首舰于 1977 年 12 月建成服役，截至 1989 年，美国共建造了 60 艘，是美国战后建造数量最多的护卫舰。除美国自己使用外，还出口 10 多个国家和地区。到 2013 年 3 月为止，短舰身构型的"佩里"级护卫舰已完全退役，长舰身构型中只有少数在美国后备部队中服役。

"佩里"级护卫舰采用了最先进的作战系统和反潜系统，增设了一套针对苏联潜射反舰导弹威胁的系统。出于降低舰上维修工作量的考虑，"佩里"级护卫舰采取"整机更换，舰外修理"的方式处理可能修理的设备，力求使设备组件化、模块化，易于拆装和移动。船电系统和舰载武器选用的也是经过标准化生产的"佩里"级护卫舰专配系统，包括对空搜索雷达、防空导弹系统，以及"密集阵"反导系统。其充分地考虑了近防、防空、反舰的各种需要，可以说这款护卫舰是当时世界上"一枝独秀"的护卫舰。

1. "佩里"级护卫舰的主要参数

标准排水量（吨）	短舰身构型 2770/长舰身构型 3010	满载排水量（吨）	短舰身构型 3660/长舰身构型 4100
全长（米）	短舰身构型 135.6/长舰身构型 138.0	全宽（米）	13.7
吃水（米）	4.9	乘员（人）	214
航速（节）	30	续航力（海里/节）	4500/20
动力	2 台 LM-2500 型燃气轮机，输出功率 41000 马力，单抽推进		
船电 雷达	1 部对空搜索雷达，1 部对海搜索雷达，1 部火控雷达配火控系统		
船电 声呐	1 部 AN/SQS-56 舰首声呐		
船电 战斗系统	1 套电子作战系统和 1 套小型作战资料系统，配 2 台核心计算机系统及显示台		

武	近防	1 门 25 毫米机炮
器	防空	36 枚"标准"舰空导弹
系	反潜	2 具 3 联装 324 毫米鱼雷发射管，配 24 枚反潜鱼雷
统	反舰	4 枚"鱼叉"反舰导弹
舰载机		短舰体构型：2 架 SH-2F 反潜直升机 长舰体构型：2 架 SH-60B 反潜直升机

2. 在全球各地的使用情况

最初的 55 艘"佩里"级护卫舰全部在美军服役，经过不同的使用年限后，开始在美国退役。然后陆续以各种理由向其盟友或利益相关国家或地区出售，其中土耳其 10 艘、西班牙 6 艘、澳大利亚 6 艘、埃及 4 艘、中国台湾 4 艘、波兰 2 艘、泰国 2 艘，墨西哥 2 艘、巴林 1 艘、巴基斯坦 1 艘，一共销售 38 艘。

3. "佩里"级护卫舰广受青睐的原因

（1）针对性强、模块化设计，建造速度快

20 世纪 70 年代美苏冷战高峰时期，美苏对峙无处不在，苏联装备了数百艘各式各样的潜艇，幽灵般地游弋在世界各海域，特别是北约各国附近海域，局部冲突不断，北约各国十分惶恐。为了遏制苏联潜艇的大范围

➤ 美国"佩里"级护卫舰

活动，作为北约老大的美国，针对性地设计了这级护卫舰，该级护卫舰具有良好的远航能力，航速高，机动性强，能有效兼容各种舰只，协调作战，其反潜和防空的能力也不一般。

由于需求急迫，为了满足舰艇快速安装、快速维修的需要，该舰没有采取"一厂整舰"制造的传统模式，而是将舰艇的主要部分划分成 17 个不同的标准模块，再将这些模块交由不同的船厂负责建造，最后再将这些模块组装起来，这样就大大加快了建造速度。在 1977—1989 年的 13 年间，美国海军共建造了 60 艘"佩里"级护卫舰，平均每年服役 5 艘，这样的速度是以往任何一个国家都难以达到的，这也是"佩里"级护卫舰闻名的原因之一。

另外，由于该舰采取了模块化设计，舰内维修和更换也非常方便，舰只内部留有专用通道，在维修时能更方便地运输与更换。比如主推进燃气轮机坏了，可从上层建筑的排气烟囱卸出，只需 40 ~ 127 小时即可卸出并更换。

（2）武配全面，作战力强

从外形来看，"佩里"级护卫舰采用了高干型平甲板舰型。满载排水量只有 3630 吨，相比于现在一些国家六七千吨级的护卫舰，"佩里"级护卫舰的排水量的确不大。但从当时的水平来看，"佩里"级护卫舰已经属于护卫舰中的王者。而且"佩里"级护卫舰具有强劲的推进动力，配备有两台 LM-2500 燃气发动机，体积小、重量轻、噪声低，操作性好，可靠性强。

有关武器配置在前文已有描述，这里只着重分析该级护卫舰的最大优势部分。"佩里"级护卫舰的反潜性能优异，作为排水量 4000 吨的一款护卫舰，配置了 2 架反潜直升机和多具反潜鱼雷发射架，另外还安装有主动型拖曳阵声呐，用以探测深海潜艇，探测深度超过 70 千米。该舰装备的"鱼叉"反舰导弹也有很强的反潜能力和区域防空能力。在当时美国还没有垂直发射系统，"佩里"级护卫舰的舰首安装的是一部单臂发射架，用来发射"标准"防空导弹，最远射程可以达到 46 千米。

在电子系统方面的表现同样出色，该舰配置的 SPS-55 对海搜索雷达具有极强的抗电子干扰能力，对海最大探测距离超过 450 千米，可以同时跟踪 200 多个目标。

（3）性价比高，易于仿造

该级舰之所以被那么多国家购买，关键是其性价比高，易于仿制。各国在购买旧的"佩里"级护卫舰后，稍加改造即可成为自己的舰艇。比如西班牙将"佩里"级护卫舰改成了"圣马利亚"，澳大利亚改成了"阿德莱德"，而我国台湾仿造的则称为"成功"级护卫舰。

"佩里"级护卫舰综合性能比较全面，生产和维护成本较低，能很好地满足小国或小地区海军的需要。

4. "佩里"级护卫舰与台湾的关系

1990 年，台湾当局以美国"佩里"级护卫舰为蓝本，由美国吉布斯公司设计，开始仿造"成功"级护卫舰。首舰共花费了 6.5 亿美元，于1993 年 5 月 7 日建成服役，到 2000 年共建造了 7 艘，每 11 个月建成一艘。第八艘"田单"号，原本台湾当局想做成"神盾"级，后因种种原因而流产，东拼西凑后，于 2014 年才交付。

从综合作战能力来看，虽然与"佩里"级护卫舰相比在防空能力上有所降低，但在反潜和反舰作战能力上还有所加强。

台湾仿造了 8 艘"成功"级，首舰"成功"号，后面依次为"郑和"号、"继光"号、"岳飞"号、"子仪"号、"班超"号、"张骞"号和"田单"号。

2014 年，台湾当局与美国签订了购买 4 艘除役"佩里"级护卫舰的合同，每艘舰 55.6 亿新台币，折合美元 1.9 亿元。目的是替代已经服役 50 多年的美国"洛克斯"级护卫舰，也就是现役"济阳"级导弹护卫舰。两艘舰重新被命名为"铭传"号和"逢甲"号。

2017 年 5 月 13 日，台湾当局以 1.9 亿美元 / 艘的价格，从美国购买的 2 艘除役"佩里"级护卫舰"泰勒"号和"盖瑞"号到达高雄港。

通常情况下，对于服役年限超过 30 年的除役舰，要么被自行凿沉，要么被当成标靶击沉。在美国的西方盟友中，如果有谁要这样的舰，美国一般是白送的，比如美国就送给了荷兰一艘。

"泰勒"号和"盖瑞"号都建造于 1984 年，建造价格大约每艘为4500 万美元，而且在美国已经服役了 34 年。

5. "佩里" 级护卫舰的知名事件

这是 1987 年 5 月 17 日午夜发生在中东波斯湾的故事。

"佩里" 级 "斯塔克" 号护卫舰正在波斯湾巡逻，处于三级戒备状态，各防御系统全面开启。22 时许，伊拉克的一架 "幻影" F-1 战斗机飞向该舰，舰上警戒雷达在其离舰 320 千米时发现了它，舰长即刻命令报务员向该机警告，两次警告该机均未理睬，继续向美舰跟进。此种状态下，"斯塔克" 号居然没有采取任何对应措施。次日零时 10 分，F-1 飞抵 "斯塔克" 号 18 千米处后即向 "斯塔克" 号发射了 2 枚导弹，然后从容离开。而 "斯塔克" 号本身及在附近执勤的预警机均未发现 "幻影" F-1 发射的导弹。导弹高速飞向 "斯塔克" 号，在导弹临近舰只时，舰上人员才在目视距离上发现了，可为时晚矣，此时的 "塔斯克" 号已经没有了任何采取措施的时间。于是，2 枚导弹全部击中了 "塔斯克" 号，舰只遭受重创，全舰死伤 57 人，其中死亡 37 人。

"斯塔克" 号导弹护卫舰是美国 "佩里" 级护卫舰家族的一员，舰上装备了许多先进的设备和武器，特别是美国海军引以为豪的近程 "密集阵" 反导系统。但在此次事件中，这些先进的武器系统均未发挥作用，即便是雷达发现了来敌也不去反应，令人不解。

对于 "佩里" 级护卫舰来说，这虽然是一个丢人的例子，但是经过自救，该舰并没有沉没，而是安全地驶进了中东附近的修理船坞。这也侧面证明了 "佩里" 级护卫舰的损管体系和自救能力还是非常不错的。

此次事故证明了 "武器是战争的重要因素，但不是决定因素，决定因素是人，而不是物"。任何强大的、先进的东西都是靠人去操控指挥的，如果人的责任心不强，再好的武器也只是摆设。

里海猎豹：俄罗斯看家护卫舰

20 世纪 90 年代，苏联为了替换一系列陈旧的小型反潜舰，研发了一款轻型多用途近海护卫舰，首舰 "鹰" 号 11660 级于 1990 年开工建造。当时恰逢苏联解体，造舰工程下马。1993 年，俄罗斯重新开启了该级舰

➢ 俄罗斯 11661 级护卫舰

的建造，并定位该舰为警戒护卫舰（CKP），编号为 11661 级，北约称之为"猎豹"级。首舰于 2003 年服役。

里海是世界上面积最大的咸水湖，位于欧亚内陆的交界处，被哈萨克斯坦、土库曼斯坦、伊朗、高加索山脉、阿塞拜疆、俄罗斯等众多国家或山脉所包围。里海的生态系统与海洋相似，海洋运输业非常发达，战略地位十分重要。

11661 级护卫舰的主要用途是担任里海附近水面的巡逻和警戒，进行有限的短程水面作战，协助俄罗斯海军舰队展开防空与反潜。配置有射程可达 350 千米的反舰导弹，而里海的平均宽度也只有 320 千米，足以轻易覆盖。在地处封闭且周围环境相对稳定的里海，11661 级算得上是地地道道的"猎豹"，武器齐全，小而精悍，足以傲视周边。

1. 主要参数

标准排水量（吨）	1500	满载排水量（吨）	1930
全长（米）	102.4	全宽（米）	13.76
吃水（米）	3.7	乘员（人）	98
航速（节）	28	续航力（海里 / 节）	3800/14
动力	柴燃联合动力装置，2 组 M88 燃气轮机，输出功率 60000 马力，另配 2 具 D61 巡航用柴油机，输出功率 8000 马力，双轴推进		

这么轻型的舰只配备如此强大的动力，无疑在应对突发事件时，可以使舰只真的如猎豹般敏捷，爆发力强，快速反应。这也是该舰的一个显著特点。

2. 火力配置

11661 级虽然近乎轻型护卫舰，但其火力齐全，无论是反舰，还是短程防空与反潜都有不俗的表现。

近防武器：配备 1 门 76 毫米舰炮，自动化程度很高，备弹 314 发，由火控雷达负责导引，另有两挺 14.5 毫米机枪，配弹几千发。

防空：本舰设有近迫防御系统，在舰只的首位顶部分别安装有一门俄制 6 管 30 毫米火炮，备有 4000 发炮弹。一套防空导弹系统，在舰尾装有一座双臂防空导弹发射器，采用半主动雷达制导，使用短程防空导弹 20 枚，射程约 10 千米，反应时间 20 秒。

反舰：2 座四联装反舰导弹发射器，分别安装在舰体中部两侧，装填 8 枚反舰导弹。

反潜：前方甲板设有 1 组 12 联装反潜火箭深弹发射器，2 组双联装

➤ 俄罗斯 11661 级护卫舰

533毫米鱼雷发射器，1具中频主/被动舰体声呐，舰尾一个可变深度声呐。

唯一遗憾的是本舰没有舰载直升机起降平台，一是因为舰体小，二是因为舰尾仓用来安装声呐系统了。

从以上动力及火力的配置可以得知，11661级护卫舰基本可以满足一般的海上作战需要，非常适合规模不大的小国海军。因此，俄罗斯以11661级护卫舰为基础，根据用户的具体要求设计和推出了一系列11661级护卫舰的外销衍生型护卫舰。

俄罗斯21世纪初推出新的1661护卫舰方案，仍被称为"猎豹"级护卫舰，其设计就是对11661"猎豹"级护卫舰的改良。改良后的"猎豹"级护卫舰舰体采用了隐身设计，过去舰桥前部的导弹发射架改为垂直发射的防空导弹，在舰艇尾部增加了直升机库与起降甲板，在直升机库的两侧各设置了近迫武器系统。

未来之星：俄罗斯"守护"级护卫舰

俄罗斯20380型护卫舰因首舰叫"守护"，故称为"守护"级护卫舰，是一款多用途轻型隐身导弹护卫舰，这是俄罗斯第一艘真正意义上的隐身

▷ 俄罗斯"守护"级护卫舰

> 俄罗斯"守护"级护卫舰

护卫舰，俄海军第一阶段购买 4 艘，后来又建造了很多艘。该舰无论从其隐身设计还是武器配置，都堪称"未来之星"，无不意味着未来轻型护卫舰将朝着隐身、多用途的方向发展。

1991 年苏联解体后，俄罗斯作为苏联的主体，承袭了苏联的主要国家机器和职能。但由于受俄罗斯窘迫的资金状态影响，不仅无力维持苏联昔日强大的军事力量，甚至连苏联时代留下的"祖产"都无力维护，俄罗斯失去了昔日苏联世界霸主的地位，也导致了海军舰只形成了很大的断层。21 世纪初，俄罗斯经济有所缓解，2001 年俄海军提出了新一代 20380 型护卫舰的建造计划。

由于是 21 世纪最新款设计，加之俄海军前面的断层严重，需要大量补充和替换，因此 20380 型护卫舰不算外销，共建造了 12 艘。其中首舰"守护"号于 2001 年 12 月开工，2006 年 5 月下水，2008 年 2 月服役。此外，还有多艘该型舰只陆续服役。

20380 型是一款多功能护卫舰，以水面巡逻、护航为主，反潜、反舰为辅，是俄罗斯近海防御的中坚力量。20380 型护卫舰的排水量也只有1800 吨，满载排水量为 2100 吨，以 14 节巡航时续航力可达 4000 海里。

20380 型护卫舰采用柴—燃联合动力装置。两台燃气轮机共输出功率27000 马力，供高速航行时使用，两台柴油机共输出功率 11660 马力，供巡航使用，最快的航速只有 27 节，可以在海上持续航行 15 天。而舰上的供电系统单独由 4 台 630 千瓦的发电机提供。

> 俄罗斯"守护"级护卫舰

　　20380 型舰体采用了隐身设计，舰体向内倾斜，上层建筑简洁，改变了传统俄罗斯舰艇普遍存在的上层建筑凌乱的现象。此外，为了降低红外信号的影响，该型舰对桅杆也进行了特殊的设计，将主要雷达系统和电子设备整体放在了桅杆内，从而达到降低雷达反射截面的效果。

　　舰上的侦测装备齐全，包括主桅杆顶端的一部三维多功能雷达、一部 I 波段火控雷达、一部炮瞄雷达以及其他相关的电子战装备等，舰首还有一部主 / 被动声呐。

　　20380 型护卫舰的近防武器配置很有特色，一套 CADS-N-1"卡什坦"炮弹合一近防武器系统，安装在 B 炮位。炮弹合一系统可以同步控制同一基座上的 8 枚导弹和 2 门 30 毫米的舰炮，两者同时回旋、俯仰，同步接受火控系统的控制信息，统一分配目标，炮弹射速平均 10000 发 / 分。这在现役武器系统中射速是最高的，既可以摧毁单个目标，还可以对付反舰导弹的连续攻击。

　　这种弹炮一体化的设计，可以同步协调防空导弹和速射舰炮，以此来共同拦截反舰导弹的连续攻击，最大限度地提升了武器的利用率、综合作战能力和快速反应的能力。这种舰炮合一的近程防御体系在 21 世纪越来越受到各国海军的青睐。

　　舰首配备一门最新型的 A-19M 100 毫米自动舰炮，炮重 15 吨，最大射程 21 千米，射速为 70 发 / 分，既可用来对空射击，也可打击水面目标及对岸进行火力支援，进一步地提升了该舰的整体近防能力。该舰烟囱两侧还各有一门 AK-630 型 30 毫米自动近防武器系统。

在反舰导弹方面，20380 型护卫舰可以搭载 8 枚 SS-N-25 "冥王星" 或 6 枚 SS-N-27 "俱乐部" 反舰导弹，"俱乐部" 反舰导弹是一种多用途导弹系统，可攻击水面舰艇、岸上低速机动的目标和潜艇。本舰使用的 "俱乐部" 导弹有 S 和 N 两种型号，S 型号反舰导弹用在装有标准鱼雷发射管的潜艇上，而 N 型则用在装有通用垂直发射装置的水面舰艇上。

在舰体两侧舱门内各装两具 400 毫米鱼雷发射装置。舰尾的直升机库和甲板，可以搭载、起降一架反潜直升机。

英伦骨干：英国 "公爵" 级护卫舰

20 世纪 70 年代末至 80 年代初，英国有一款大型远洋反潜护卫舰，火力猛、用途广、远洋护卫能力强，其首舰被称为 "大刀"，所以该级护卫舰被称为 22 型 "大刀" 级护卫舰。该舰可以说是当时世界上最为先进也是最为昂贵的护卫舰，1979 年每艘造价就超过了 8000 万美元，而当时英国 42 型驱逐舰的造价每艘只有 4000 万英镑，约 5000 万美元。英国原计划大量建造这一款舰，可是由于囊中羞涩，不得不开发了另一款价格低廉的 23 型 "公爵" 级护卫舰，以此来代替 "大刀" 承担支援海上作战、海上力量投送、深海反潜等任务。"公爵" 级护卫舰反潜能力不俗，兼具防空、反舰和火力支援等多用途，具有同级舰中最强的续航能力，是英国海军建造数量最多的主力战舰，也是英国海军舰队的中坚力量，一共建造了 16 艘。

1. 主要参数

标准排水量（吨）	3500	满载排水量（吨）	4200
全长（米）	133	全宽（米）	16.1
吃水（米）	5.5	乘员（人）	185
航速（节）	28	续航力（海里/节）	7800/15

2.动力装置：独具特色的动力装置

23型"公爵"级护卫舰，动力装置比较新颖，开创性地采用了柴—电—燃新型联合动力装置，高速行驶时使用2台23200千瓦的燃气轮机和4台3000千瓦的柴油机，提速猛，航速快。巡航时采用柴油机发电，由电力推进，而柴油机安装在特别的位置上，且通过了特殊的降噪处理，使得舰只噪声小，续航能力强。该舰采取的主要降噪措施，一是巡航时利用柴油机发电，其推进电机直接与推进轴相连，避免了齿轮箱传动产生的噪声；二是4台柴油机都采用了减震基座，舱内噪声低；三是有两台柴油机安装在上层建筑内，既有利于延长动力装置的使用寿命，又能进一步降低机舱内的噪声。由于整舰噪声低，也给声呐系统提供了最佳的工作环境。

由于采用了电力推进，使得23型"公爵"级护卫舰的巡航经济性大大地提高了，续航力也几乎增加了一倍，这也是该舰最为突出的地方。

3.武器装备

反舰武器：2座主动雷达寻的四联装"鱼叉"舰对舰导弹发射装置，射程为134千米。

防空：英国产32个发射单元的"海狼"舰对空导弹垂直发射装置，瞄准线指令制导，火控系统指控，雷达跟踪，射程6千米。

▷ 英国23型"公爵"级护卫舰

> 英国 23 型"公爵"级护卫舰

近防舰炮：1 门 114 毫米舰炮、2 座 30 毫米 MK-1 舰炮，可以执行对地、对舰和对空射击任务。

反潜：2 座双联装 324 毫米固定式鱼雷发射管，主 / 被动寻的，配反潜鱼雷，航速 45 节，射程 11 千米，航深 750 米。

电子对抗：为了提升反潜效果，"公爵"级护卫舰配置了 UAT 电子支援 / 对抗系统，4 座双联装"海蚊"固定式诱饵发射装置，配拖曳鱼雷诱饵，从第八艘"威斯敏斯特"舰开始，安装了"天网"卫星通信系统、美国休斯公司的雷达导航系统以及电子干扰系统。

作战数据系统：采用英国最先进的宇航公司 DNA 作战数据自动化处理系统，并组合多路数据链以及卫星通信系统。

雷达系统：1 部对空 / 对海搜索三坐标雷达，2 部导弹射击指挥雷达。

反潜直升机：1 架"大山猫"舰载直升机用于反潜。

隐身技术：该舰采用了当时较为先进的隐身技术，使声音、电磁、雷达反射信号和红外特征等信号辐射影响最小化。主要隐身措施是：

（1）声隐身：采用电力推动使得巡航时的噪声很小；燃气轮机在加速时也采取了一系列措施去降低噪声，机舱使用了气幕，螺旋桨等部位都采用了通气降噪措施。

（2）雷达隐身：主要是舰只外形采用了隐身设计，比如干舷外倾，转角处采取圆弧过渡，在一些强反射部位采用吸波涂层。

（3）红外隐身：主要措施是烟筒采用了红外抑制技术。

由于该级舰的前面几艘参加过马岛海战，结合马岛战争的教训，拆除了用于防空的 76 毫米舰炮，更换了用于火力支援的舰炮，同时也强化了

> ▷ 英国 23 型"公爵"级护卫舰

消防和损管，使得其生命力大大加强。

23 型护卫舰设有舰船控制中心，主机和辅机均采用全自动化控制，加上作战系统以及各种信息处理系统，使得该舰的自动化程度很高。在正常巡航时，只需要两个人值班即可。与当时同级别的美国"佩里"级护卫舰以及俄罗斯的"无畏"级护卫舰相比，减少 50 名舰员，与 22 型护卫舰相比减少 100 名。

正是因为上述良好的隐身设计、高度的自动化程度、强大的火力配置以及特有的电力推进动力系统等设计，使得 23 型多用途护卫舰的使命从最初大西洋深海的反潜转为远征军的联合支援作战。23 型护卫舰新的角色也宣告了延绵近半个世纪的北大西洋反潜任务的终结。

隐身先行者：法国"拉斐特"级护卫舰

法国"拉斐特"级护卫舰，是 20 世纪末由法国 DCNS 集团建造，在法国海军服役的轻型隐身多用途护卫舰，该舰也是世界上最早全面引进隐身设计理念的军舰，可以说是隐身护卫舰的鼻祖。该舰上层建筑简约，外观简单，配有现代化的电子系统，具有较强的信息处理能力。

在 20 世纪末，为了提高法国海军在专属经济区以及海外领地的巡逻能力，既可以在复杂的印度长时间远海航行，又能与法国航舰战斗群一起行动，担任法国经济海域和殖民地海域的维护工作，该舰从 1988 年签约购买，到 2001 年底一共服役 5 艘。"拉斐特"级护卫舰也有外销专用的衍生型，如我国的台湾地区、中东的沙特阿拉伯、新加坡均有采购。

"拉斐特"级护卫舰排水量在 3600 吨左右，采用全柴动力装置，虽然在高速提速方面的性能比燃气轮机差，但是燃料消耗比较经济，自持力强，续航能力佳，强化了抗战损设计。武备设计也比较简洁，大幅度强化对高速、高机动目标的拦截能力。

1. 主要参数

标准排水量（吨）	3230	满载排水量（吨）	3600
全长（米）	125	全宽（米）	15.4
吃水（米）	4.8	乘员（人）	140
航速（节）	25	续航力（海里/节）	7000/15
动力	4 台"皮尔斯蒂克"柴油机，输出功率 21107 马力，双轴双桨		

2. 设计特点

（1）隐身

"拉斐特"级护卫舰之所以成名，主要原因就是它是世界上最早采用隐身设计的护卫舰，由法国 DCNS 集团设计建造，DCNS 集团拥有世界知名的海防系统设计专家。"拉斐特"级护卫舰具体的隐身措施有：

① 采取各种方式减少易被探测信号的散发，包括红外线、雷达、噪声等。为了降低各种雷达的散射面积，将雷达回波控制在某几个方位，尽量避免形成雷达波全反射角，这样敌方就不易在某个固定方向持续不断地获得完整的雷达痕迹。

② "拉斐特"级护卫舰的上层结构外形与舰体都规避了尖锐棱角或复杂造型，轮廓线比较简单。

③ 舰体部分采用倾斜设计，避免有任何垂直面。

④ 桅杆采用合金材料，而且呈倾斜的造型，将主发动机排烟口安装在桅杆里，避免烟囱造成的雷达散射面积大的问题。

➤ 法国"拉斐特"级护卫舰

⑤ "拉斐特"级护卫舰的舰面十分简洁干净，各种装备都尽可能收入舰体或采取其他隐身措施包裹起来。例如，将小艇收容在上层建筑内并用网帘封闭、反舰导弹采取半埋式安装、泊锚设备全部隐藏在舰首主甲板下方等。

⑥ 降低噪声。主机基座做了弹性处理，可以吸收震动和噪声；舰底装"气泡幕"制造系统，降低航行时的噪声；螺旋桨尖端释出气泡，可以避免空蚀效应。本级舰拥有极佳的肃静性，安静程度甚至超过美国海军标准。

⑦ 降低红外线讯号。本级舰主机废气先通过热交换系统与外界冷空气混合降温后再排出；烟囱外形也是经过了精心设计，没有使用钢材而是使用了强化玻璃纤维，并使用特殊的绝热涂料；设有线圈抵销舰体的磁讯号。

（2）自持力

① 物质储备充足。"拉斐特"级护卫舰在增加自持力方面下了很大功夫，增大了各种物质的储备空间，能储存淡水 60 吨以上，外加舰上的淡水制造机每天具备制造 36 吨淡水的能力；直升机所用燃油可以储备 80 立方米；直升机零件库存量能支持 6 个月以上。

② 本级舰充分地考虑了舰上人员生活的舒适度，避免因舰上人员长期远离大陆在海上生活而导致战斗力与士气下降。

③ 采用复合柴油机系统。主机为四具 20800 马力的大型柴油机，驱动可变距螺旋桨，柴油机用油节省，可以使"拉斐特"级护卫舰拥有很大

的续航力。

④ 稳定性强。"拉斐特"级护卫舰舰体两侧有一对稳定鳍，由计算机控制，可降低舰体的横摇与纵摇，确保本级舰能在六级海况下进行直升机起降作业，且人员适居性和舒适度不受到任何影响。

（3）抗战损能力

"拉斐特"级护卫舰，在抵抗战损方面进行了强化。

① 强化舰体。"拉斐特"级护卫舰的上层结构采用了气密堡垒式设计，具有核生化防护功能，水线以下的舰体则采用了双层船壳，以确保上层建筑坚固，下层船体结实。该舰还对舰体的重要部分增加装甲以提高强度，在前后两个主机舱之间有三道水密格舱，以防在失火或船体破损时火灾蔓延或进水。

② 选材特别。由于英国"大刀"级护卫舰采用的铝合金材料，在马岛海战中受攻击后船体起火燃烧，因此"拉斐特"级护卫舰的前段上层建筑结构采用了钢材建造，末段机库结构则使用质轻而耐热的新型玻璃纤维强化塑胶材料制造。

③ 损管方面。"拉斐特"级护卫舰的损管中心设有集中控制的计算

> 法国"拉斐特"级护卫舰

机损管系统，可统一收集整理舰上所有损管信息，指挥和协调全舰的损管工作，从而大幅增加遭受战损时舰只以及舰上人员的存活率。全舰分为三个损管区域，每个损管区域都有各自独立的自动化损管监控台以及消防通道；主通道上还设有防火门帘，用来阻止火势及浓烟的蔓延；在舰上许多地方设有固定或机动式的抽水、灭火、通风装备，轮机舱弹药库等重要舱室安装有传感器，可侦测烟雾、火情、温度、水情等。舰内许多地方设有损管专用连接埠，便于损管人员在舰上利用小型计算机与损管中心联结，及时获得最新的损管信息。

3. 主要武器配置

"拉斐特"级护卫舰安装的武器并不多，但是短小精悍。

防空上，该级舰的防空力量比较强大，一具八联装"响尾蛇"防空导弹发射器，可以大幅强化对高速、高机动空中目标的拦截能力，其最大射程为15千米，射高6000米，速度3.6马赫，最大机动过载35 G。除了发射器内8枚备射弹之外，全舰共储备24枚"响尾蛇"导弹，照射雷达与光电追踪装置靠中央制导模式导引。

近防上，一门100毫米舰炮以及两组四联装"飞鱼"反舰导弹发射器、两门20毫米火炮（火炮的射速为720发/分，射程可达10千米）。

➤ 法国"拉斐特"级护卫舰

反潜上，"拉斐特"级护卫舰的反潜力量较弱，只有一架反潜直升机，直升机的型号有 AS-565MA 美洲豹或 SA-321G 超黄蜂或 NFH-90。

除了直升机外，该舰上没有任何舰载反潜武器和反潜作战系统，也没有声呐系统。

4. 总体评价

"拉斐特"级护卫舰的隐身设计对 20 世纪 90 年代起各国军舰的设计产生了深远的影响，隐身成了作战舰艇十分重要的技术指标，此后各国新设计的舰艇，一个比一个重视隐身技术的应用，无论各国的隐身技术怎么提升或变化，在抑制红外线、雷达或声噪讯号等方面的措施和理论都脱离不了"拉斐特"级护卫舰的技术范畴。隐身固然重要，但是必须付出代价。比如说雷达外形的隐身，采取的措施是将装备收入舰体，尽量减少舰面上的装备，这就意味着必须占用更多的舰内空间，同时也对舰上其他装备的布置造成不便。换一句话说，容纳相同的装备，隐身设计的舰艇必须占用更大的舰体容积，也就是说需要提高排水量，相应地也要加大动力，从而导致成本的上升。又比如，舰体向内倾斜会缩减可用的甲板空间，要搭载同样的设备，舰体必须增加尺寸。有些更变态的隐身设计，将舰首船舷向上收缩，海浪更容易冲上甲板，导致船舰的抗浪性能减低。

因此，护卫舰的隐身与成本要综合考虑，只能根据具体实际需求，以及本国的经济实力量力而为。

"90新贵"：德国"勃兰登堡"级护卫舰

德国是世界上最早工业化的国家之一，其机械制造业十分先进。早在 20 世纪 80 年代末，德国人就开创了世界海军舰艇模块化设计的新模式，建造了以 MEKO 为代表的多用途轻型护卫舰。所谓模块化设计，就是采取标准化的方式，生产各种不同功能或用途的组件，利于便捷地通过标准界面安装。模块化的最大优势就是能针对不同的用户性能需求以及成本限制，在不改动船体结构的前提下，只需更换或增减不同的功能模块即可，简单快捷，易于操作，量产快，功能全，成本低。

➢ 德国"勃兰登堡"级护卫舰

按照 MEKO 的设计理念,德国先后建造了 F-122 型"不莱梅"级护卫舰、F-123 型"勃兰登堡"级护卫舰和 F-124 型"萨克森"级护卫舰。

F-123 型"勃兰登堡"级护卫舰主要致力于反潜作战,也可以承担防空、舰队战术指挥和水面作战、登陆作战等多种任务。

1. 主要参数

标准排水量(吨)	4490	满载排水量(吨)	4700
全长(米)	138.8	全宽(米)	16.7
吃水(米)	4.4	乘员(人)	228
航速(节)	29	续航力(海里/节)	4000/18
动力		2 台 LM-2500 燃气轮机,输出功率 51680 马力,2 台轻型巡航用柴油机,输出功率 11070 马力,双轴可调距螺旋桨	
船电	雷达	SMART-S3D 雷达(F 波段),LW08 D 波段防空雷达,2 具 ST1R-180 型火控雷达	
	电子战系统	FL-1800 电子战系统等	
	作战系统	美制 SATIR 战斗系统	
武器系统	近防	拉姆近程舰空导弹 76 毫米主炮,轻型舰炮	
	反舰	"飞鱼"反舰导弹发射装置	
	防空	MK-41 垂直发射装置,配 16 枚中距舰空导弹	
舰载机		2 架"大山猫"舰载直升机	

2. 建造过程

1985 年，东德和西德尚未统一，当时的联邦德国即西德参与了"北约 90 年代护卫舰替代计划"（NFR-90），原本打算购买 8 艘去代替还在服役的几款旧舰。然而，由于参与 NFR-90 的国家各种歧见与利益冲突无法协调，各参与国陆续退出。后经德国政府多方协调，从 1992 年到 1996 年这 5 年里，从不同的地方由不同的公司分别建造了 4 艘，首舰"勃兰登堡"号就是在汉堡建造的。这就是 F-123 型"勃兰登堡"级护卫舰的起源。F-123 型由德国勃姆沃斯造船厂主导，以"梅科"多用途标准护卫舰模组化设计为基础，参考吸收了 F-122 型护卫舰实用性设计建造的经验，还部分采用了 NFR-90 的某些阶段性技术成果，来完成建造，一共造有 4 艘。

4 艘 F-123 的代号分别为 F-215（勃兰登堡），由勃姆沃斯制造，1994 年 10 月服役；F-216（荷尔斯泰因），由豪尔德建造，1995 年 11 月服役；F-217（拜仁），由泰森制造，1996 年 5 月服役；F-218（梅克伦堡），由不莱梅·渥肯建造，于 1996 年 11 月服役。1996 年不莱梅·渥肯因经营不善而破产，F-128 后续的测试验收和交舰工作便由泰森公司接手完成。

"勃兰登堡"级护卫舰全部采用钢构造，舰体尺寸大，空间足，舰员多，且采用了隐身设计。同时加载了稳定鳍，使得舰只航行平稳。搭载了 2 架"大山猫"直升机和 1 艘硬式充气艇，可为登陆作战提供服务。

3. 设计特点

该级舰由于采用了很多最新型的技术和理念，因而具备 20 世纪 90 年代先进护卫舰的特征，可谓"90 骄子"。

一是"勃兰登堡"级护卫舰使用了更加先进的标准模块化设计，各个机构、总成、功能面板等全部采用标准化的尺寸和接口。同型的功能模块可以互换使用，模块在舰上的安装也十分便利。由于舰体和各功能模块、分离组件可以分开生产，因此，舰只的建造速度快，建造周期短。标准模块化的设计，也使得舰艇可以通过灵活简单的互换模块而改变舰艇的用途，增加了灵活性和适应性，且最大限度地发挥各个舰只的潜能。同时，舰艇的维护与保养也简便易行，大大降低了日常维护和使用成本。

二是"勃兰登堡"级护卫舰排水量较大，近 4500 吨，可以搭载较多的武器装备，并为进一步改装提供了基础。该级首制舰1992年1月开工兴建，1993年7月下水，1994年10月入役，它的舰长138.8米，宽16.7米，吃水4.4米；动力采用柴燃联合装置，包括2台燃气轮机和2台柴油机，总功率6.3万马力，最大航速29节。

三是武器装备齐全、便于提升火力，其中最突出的是防空武器，共有2个垂直发射装置，每个发射装置可装8枚"海麻雀"中程舰空导弹。因为是模块，所以该发射系统的重量比原来"海麻雀"导弹系统的重量轻很多，所占空间也小，且采购费便宜。更重要的是这种发射方式可全方位发射。舰上还装有一座"拉姆"点防御舰空导弹，可用于拦截各种掠海飞行的反舰导弹和低空飞机，既可以单射，也可以齐射，还可以根据需要重复装填，有利于提升火力。反潜用的是2座双联反潜鱼雷发射管，配90枚"冲击"鱼雷，2架"大山猫"直升机。

➤ 德国"勃兰登堡"级护卫舰

F 216

此外，"勃兰登堡"级护卫舰的探测、指挥控制系统及电子战系统等也十分齐全、性能优异。

4. 操控系统

F-123 型"勃兰登堡"级护卫舰采用美国洛马公司的 SATIR 战斗系统，此系统为洛克希德马丁公司产品，含有与之配套的通信装备包、资料链以及对应的卫星通信系统。

2004 年 1 月，美国洛马公司授权德国海军对 F-123 型"勃兰登堡"级护卫舰的战斗指挥系统进行评估，并提出通用升级方案，2004 年 10 月全面升级。

F-123 型"勃兰登堡"级护卫舰作为一级在特殊的历史时期、承上启下的反潜护卫舰，不仅将 F-122 等前级舰模块化、标准化的设计发挥到了极致，在反潜武备方面也增强了实力。

群雄逐鹿，不甘人后

第四章

Chap.4

由于受《五国海军协定》的影响，西方各国海军在大型舰只方面的生产受到制约，因此，中小型驱逐舰、护卫舰成了各国海军研发的重点。世界各地也根据自身的条件和需求，研制生产了许多优秀的护卫舰。本章选择几种有代表意义的优秀护卫舰，供各位读者欣赏。

护卫舰伴随作战：海湾战争

中东地区自古纷争不断，宗教、石油以及边境争端都是战争的导火索。1990年8月2日，为了石油，伊拉克对科威特发起了突然袭击，史称"海湾战争"。经过十多个小时的战斗，伊拉克军队占领了科威特全境，随即吞并科威特为伊拉克的第十九个省。

联合国于1990年11月29日召开安理会，会议通过了联合国第678号决议，要求伊拉克在1991年1月15日前无条件地从科威特撤军，伊拉克无视了联合国的最后通牒。

1991年1月16日，联合国授权以美国为首，组成多国部队，对伊拉克展开军事行动。第二天，美国总统乔治·布什给美军中央总部司令下达对伊作战命令。一场打击伊拉克的军事行动"沙漠风暴"迅速展开，多国部队随即对伊拉克的重要设施实施轰炸，地面部队向伊拉克全境推进。

经过42天的军事行动，伊拉克于1991年2月26日宣布投降，并接受停火。2月28日，多国部队停止了进攻，并于当天达成了正式的停火协议。

科威特复国，海湾战争结束。

钢铁之风：意大利"西北风"级护卫舰

意大利作为第二次世界大战轴心国元凶之一，二战结束后在军事上受到了国际社会的制约。然而，由于意识形态上的矛盾，美国为了抗衡苏联，将意大利和另一个战败国德国全部纳入其军事集团，即北大西洋公约组织，德国和意大利随即变成了美国新的同盟国。为了牵制苏联，美国放松对德国、意大利的军事限制，因此在20世纪60年代末期和70年代初，德国和意大利即利用其国内先进的工业基础，研制和开发了一系列比较先进的军舰，意大利的"狼"级护卫舰就是其中的一种。

"狼"级护卫舰舰体大小适中，高速机动，具备全天候水面警戒能力，可以应对水面、水下的各种威胁。但是该级舰在面对苏联的潜艇攻击时却

> 意大利"西北风"级护卫舰

显得力不从心。因此，出于对军事形势的考虑，意大利又设计出了一款速度高、载荷大的2500吨级以上的反潜护卫舰，"西北风"级护卫舰就这样诞生了。

"西北风"级护卫舰也叫"米拉斯特尔"级多用途反潜护卫舰，共建造8艘。该舰是在"狼"级护卫舰基础上放大而来的，舰体的总面积增加了四分之一，排水量增加了45%，舰只着力在反潜能力方面进行了提升，是以反潜为主的多功能护卫舰。目前，无论是反水面作战，还是反潜作战都有不俗的表现。

首舰"西北风"级护卫舰于1978年初开工，三年后下水，又过一年才完工服役。其装备的武器类型和重量都堪比大型舰只，自动化程度高，舰载人员少。

1. 主要参数与武器配置

标准排水量（吨）	2800	满载排水量（吨）	3200
全长（米）	122.73	全宽（米）	12.9
吃水（米）	4.2	乘员（人）	232
航速（节）	33	续航力（海里/节）	6000/15

动力		柴燃联合动力装置，2 台 LM-2500 燃气轮机，输出功率 50000 马力，2 台 GMT BL-230 巡航柴油机，输出功率 10146 马力
电子系统	声呐	1 部 DE-1164 综合声呐，具有高频探雷能力，包括中频船壳主 / 被动攻击声呐和变深声呐，变深声呐拖曳速度为 28 节，最大深度 300 米
	雷达	1 部对空 / 对海警戒雷达，作用距离 155 千米，1 部对空 / 对海低空警戒雷达，2 部 "Dardor" 火控雷达，1 部 MK-7 敌我识别器
	电子战	1 部 SLB-4 侦察机，2 部 SLQ-D 干扰机
	战斗系统	SACDO-2/IPN-20 作战系统，高速电脑主处理系统，11 号数据链及卫星通信设备
武器系统	近防	2 座双联装 40 毫米近迫机炮，2 座 "Dardor" 近程武器系统
	防空	1 具短程弹道发射装置，1 座意大利 "信天翁" 防空导弹发射器，配 16 枚 "蝮蛇" 短程防空导弹
	反舰	1 门 127 毫米 54 倍径舰首舰炮，4 枚反舰导弹，2 座单管 20 毫米炮
	反潜	2 座三联装 324 毫米 MK-32 轻型鱼雷，2 具 533 毫米 B-516 重型线导鱼雷
舰载机		2 架 AB-212 反潜舰直升机，所配载导弹不同

2. 外销情况

"西北风" 级护卫舰因其良好的性能，受到多国海军的青睐，南美地区的委内瑞拉买了 6 艘，秘鲁买了 4 艘，伊拉克也曾订购 4 艘，后因海湾战争而被取消，菲律宾斥资 17 亿美元购买 "西北风" 及其相关产品。

➤ 意大利 "西北风" 级护卫舰

宙斯盾首现：西班牙"巴赞"级护卫舰

西班牙地处地中海，国土面积 50 万平方千米，拥有 7800 千米的海岸线，也是世界上传统的海军强国，全世界有 28 个国家 4 亿多人讲西班牙语，由此可见其昔日的强大。现今西班牙的海军实力也不俗，拥有一支强大的海上力量，包括一艘轻型航空母舰和 4 艘先进的 F-100 级护卫舰，因其首舰叫"阿尔瓦罗·巴赞"，故该舰也被称为"巴赞"级护卫舰。该级舰之所以牛，是因为它是世界上除美国外第一款安装美制"宙斯盾"作战系统的护卫舰，具有超强的区域反导和防空实力，也是欧洲性能最强的护卫舰之一。

1982 年发生在马尔维拉斯群岛的英国和阿根廷的海战，充分地反映出空对舰导弹对海上舰艇的威胁极大。敌对双方都利用空中武器打击对方的舰只，双方的舰只损失惨重。此后，世界各国海军都在增强舰队的区域防空能力方面下了功夫，有些国家还为舰队配置专用的大型防空舰艇。

20 世纪 80 年代中期，以美国为首的北约中的八国决定联合进行"90 年代北约护卫舰更新计划"，即 NFR-90 计划，以期降低护卫舰的研发成本，缩短建造周期。但是由于参加各方各怀己见，该计划一拖再拖，未能达成统一，最终被取消。而后西班牙和德国、荷兰又于 1994 年开始进行"三国护卫舰计划"，即 TFC 计划，后来又被美国搅黄，西班牙不得不退出了 TFC 计划，转而与美国合作，采用美国的"宙斯盾"系统来建造护卫舰。

"巴赞"级护卫舰其实是一款以防空为主的多用途护卫舰，该舰由西班牙著名的伊扎尔造船厂设计建造，满载排水量 5800 多吨。首舰"阿尔瓦罗·巴赞"号，舷号为 F-101，于 2000 年秋季下水，2002 年秋季正式服役。第四艘的舷号是 F-104，在 2004 年 11 月下水，2006 年服役。西班牙在 6 年间共建造了 4 艘"巴赞"级护卫舰。

使用了"宙斯盾"作战系统使得"巴赞"级护卫舰有很强的区域防空能力，因其吨位比美国的"阿利·伯克"级驱逐舰小，所以造价也是后者的一半，可以说"巴赞"是"宙斯盾"系统的缩小版。但是这并不影响该舰的作战实力，"巴赞"除了不具备发射"战斧"巡航导弹的能力外，其他战力基本不比"阿利·伯克"弱。

> 西班牙"巴赞"级护卫舰

1. "宙斯盾"系统简介

美国海军"宙斯盾"系统全称为"全自动作战指挥与武器控制系统"，因为其英文缩写为 Aegis，与希腊神话中"宙斯之盾"的名字相同，因而该系统被戏称为"宙斯盾"。最初美国研发"宙斯盾"的出发点一是为了解决海上舰队对空防御的难题，另外就是为了应对来自苏联反舰导弹对其航母舰队的威胁。

科学家们从 20 世纪 70 年代初开始进行"宙斯盾"系统的概念设计，70 年代末正式定名为"宙斯盾"系统。从 1970 年起，开始进行实质性的设计试制，美国投资约 8 亿美元，历时 10 年，经过十几万小时各种各样的试验后，最终研制成功，并开始装备美国海军大型作战舰只。

"宙斯盾"系统造价昂贵，不含导弹系统价值就超过 2 亿美元，除了"威力强大，无与伦比"之外，其最大的优势是随着今后科技进步可以不断加以升级，能确保其持续的先进性能。

"宙斯盾"系统的重要组成部分是一套具有高度自动化数据处理能力的计算机，能接收舰上所有侦测装置搜集包括水下、水上和空中的信息。收到信息后，计算机先进行目的识别和威胁分析，并且将结果显示在大屏幕上，供相关指挥人员即时参考。作战系统可以根据目标威胁的权重，直接进行接战，并对相关武备发出指令，从而捕获最佳战机。"宙斯盾"系统包括指挥和决策、武器控制、相控阵雷达、火控、导弹发射、战况测试等系统。该作战系统的核心是 AN/SPY-1 雷达，也是主要探测系统，能进行全空域快速搜索、自动目标探测和多目标跟踪。

作战系统有四种工作方式，可以根据舰只的状态和海况转换自动专用方式、自动方式、半自动方式和故障方式，除了自动专用方式外，后三种方式都需要人工参与控制。

2.性能与设计

"巴赞"级多用途护卫舰上所用的"宙斯盾"系统是美国专门用作出口的缩小版"宙斯盾"系统，与原版的"宙斯盾"系统有很大的不同。由于"巴赞"级的排水量比美国的"阿利·伯克"级驱逐舰（8500吨）小得多，所以厂家花费了很大心血才将庞大的系统安装在有限的仓位上。

该护卫舰在功能上侧重防空，但其他作战能力也较为完善，反潜、反水面舰艇能力同样不差。该舰的自我防御能力也十分强大，设计者安排了三道防御网：

（1）中远距由防空导弹承担。该舰选择的是"标准 –2"防空导弹，有效防御区域达到150千米，主要打击高空来袭的战机和中、低飞行的反舰导弹，也能打击掠海飞行的超声速反舰导弹等。

（2）近距防御由短程导弹承担。"巴赞"级护卫舰选择了改进型"海麻雀"导弹（ESSM），有效射程达到30千米，近距防御导弹针对的主要是超声速、超低空反舰导弹和难以探测的导弹，为整个舰队或舰艇自身提

> 西班牙"巴赞"级护卫舰

供防御，是少数拥有区域防空的护卫舰。

（3）最后一道防线——近身防御主要由近防火炮承担。该舰选择的近防炮"梅罗卡"有类似美国"密集阵"近防系统的能力。

"巴赞"级护卫舰生命力和作战力都非常优秀，舰的满载排水量为6400吨，舰体长为146.7米，舰舷宽18.6米，航行速度为28节，续航力4500海里/18节，定员197～234名。

"巴赞"级护卫舰在甲板设计方面也很具特色，采用了四层甲板的概念，从下往上依次是压载舱板、一层甲板、二层甲板和主甲板。主甲板用作舱室甲板，第二层甲板是损管用甲板。"巴赞"级护卫舰完全按照美国大型"宙斯盾"舰的损管标准设计，为了增强护卫舰的防火能力，舰体由主舱壁隔离成多个防火区，每个间隔40米，舰上增设有13个横向的防水舱壁，确保护卫舰能抗沉，并达到美舰的作战要求。

为了保证舰艇在大浪海况下能平稳，舰艇船体底部两侧都安装有稳定鳍，舰艇以8节巡航速度航行时，其横摇角小于2.5°，非常平稳，有利于舰载直升机的作业。

主发动机排气管处采用喷射的办法进行尾气扩散，以降低船体和尾气温度，降低红外信号；"巴赞"级护卫舰有一套专设的冷却系统，对上层建筑和船体实施冷却。该舰还采取了减少辐射噪声、选择"安静型"设备和安装减振材料、将舰艇设备的振动降至最小等多种办法，来减小舰艇的噪声信号。

"巴赞"级护卫舰也十分周到地考虑了舰员的安全防护，几乎所有重要舱室都做了双层舱壁处理。危急时刻，为了防护核污染、生物、化学战的攻击，该舰的"三防"系统能自动对包括居住舱室、技术和作战控制室等在内的一些特殊区域做密封处理，以保证舰艇人员的安全，维持舰艇的作战能力。

3.作战能力

"巴赞"级护卫舰的作战系统功能与美国"阿利·伯克"级驱逐舰使用的系统几乎完全相同，完全能满足对防空、反潜和反水面以及导航通信的要求。该系统的所有分系统都围绕"宙斯盾"系统来配套，本级舰安装有美国的MK-41导弹发射装置、AN/SPY-1D探测雷达、2套火力指示器以及相关的指挥控制系统，具有强大的防空能力。在反潜、反水面战方面的设备选择了西班牙的传感器和武器，即西班牙开发的指控系统。

（1）防空方面

① 选择了 AN/SPY-1D 雷达作为作战系统的主传感器，此雷达属于多功能相控阵雷达，可在设定区域内自动探测、跟踪、搜索空中和水面多个目标，接收"标准-2"导弹的状态信息，为其提供制导。

② 安装了 MK-99 导弹射控系统，用于"标准-2"导弹的末端飞行制导。

③ 安装了 MK-41 垂直导弹发射系统，用作护卫舰的空中防御，拥有6 个 8 单元发射模块，可发射"标准-2"防空导弹或改进型"海麻雀"导弹。

④ 安装了一套敌我识别系统，该系统有三个子系统，分别是无线电发射机应答器、询问器和测试设备，能够加强舰与舰之间的识别能力。

（2）反潜战能力

① 安装了具有主动和被动搜索模式的 DE-1160 低频舰壳声呐。

② AN/UYQ-25 型真实环境状况声呐模式评估系统，可提高舰只的预测、跟踪和探测能力。

③ 该舰安装的 AN/SQQ-28 型机载多功能子系统，可以接收从直升机和浮标传过来的声呐信号，并进行处理，既可以探测水平线以上的空中目标，也可以探测水下目标。

④ 安装了 MK-32Mod9 鱼雷发射装置，该装置布置在船舱内的船体两侧，该鱼雷发射装置配装的是 MK-46Mod5 轻型鱼雷，分为主动和被动模式以及声制导模式。

（3）水面战能力

① 安装有 AN/SPS-67 对海搜索雷达，与敌我识别天线和系统相连，用于搜索、跟踪并探测来自低空的目标。在舰桥上安装有 2 个控制台，协调对海搜索雷达对主舰炮进行火力控制。

② AN/SPS-73 雷达作为导航雷达，用于提供防撞帮助和导航监视。

③ 1 门 MK-45Mod2 型 127 毫米主炮，主要用于对抗水面目标，也能打击海岸和空中目标。

④ 有 2 套"鱼叉"导弹发射装置，每个装置配 4 枚"鱼叉"导弹。为了使导弹能在最短的时间内到达要求的飞行高度，"鱼叉"导弹发射装置安装于护卫舰的中部。

⑤ 装有直升机操作和装载系统、1 个机库以及 1 个 25.2 米长的飞行

甲板，飞行甲板上还特意喷涂了特殊的防滑漆，并装了安全网，以保证直升机的安全，舰上还有特别区域供直升机垂直补给作业。

⑥ 安装有激光测距仪和红外传感器等设备。

4. 动力系统特征

"巴赞"级护卫舰的动力装置采用的是柴—燃联合动力装置，选用了2 台美国通用机械公司的 LM-2500 燃气轮机和 2 台"巴赞"级护卫舰专用的 3600 型柴油机，舰只续航力可达 4500 海里 /18 节，燃气轮机用于加速及高速航行时，在低速或巡航时使用 2 台柴油机的动力。

舰上有 2 个推进主机舱室，每个主舱室容有 1 套柴—燃联合动力装置及其辅助装置，主机舱室之间还有辅机舱室，可容纳其他的独立辅机设备。

"巴赞"级护卫舰的另外一个特点就是主机舱的无人化。主机的控制和监测完全由西班牙自行设计的一套综合平台监控系统完成，包括控制台、本地子站、控制装置以及传送系统。作为综合平台监控系统的新特征，可显示有关状态维护系统和计算机系统的信息，这在西方国家中也是首次。综合平台监控系统有 17 个控制台，其中有 5 台是便携式的，它可以通过某种特别的通信系统，执行外部监控功能，因此舰艇的生命力大大增强，同时也提高了舰艇操控灵活性。

5. 辅助系统

（1）舰上配备 4 台 1200 千瓦的柴油发电机，分别安装于 2 个独立的发电机舱室中，但是这两个舱室的配电盘是联动的，以确保必要时的正常供电。

（2）安装了空调系统，具有 3 台冷却水设备，保证全舰始终处于一个舒适的环境温度下，确保良好的居住环境。

（3）安装有 8 套生物、核、化学系统过滤设备，能够快速地过滤处理核、生物、化学所造成的污染。

（4）舰上还设计有海水灭火系统，直接从海中抽取海水，为消防栓、洒水系统、冷却系统等提供水源。

（5）2 个独立的泡沫站，配套相应的泡沫罐、泵和泡沫压力调节器，确保在一个泡沫灭火站遭受破坏时，另一个泡沫灭火站也能正常工作。

（6）淡水制造系统可将海水经过加工转化为饮用水。

（7）补给能力超强，海上补给系统每小时能够接收 681 立方米的船用柴油、227 立方米的航空燃料和 41 立方米的淡水。

（8）电动吊艇柱上备有 2 艘刚性充气艇，船体两边各有 7 个可容纳 25 人的救生筏，救援设施的配置十分完备和周全。

（9）该舰注重环保，在舰上安装了 1 套污染控制系统，可处理油水、泥浆、污水和垃圾。物理化学污水处理装置和真空处理设备每天可收集 3000 升污水和 30500 升洗涮用水，经过处理后可重复利用。

（10）居住采用人性化设计，舱室的居住设置参考了星级酒店的标准，采用标准化的金属家具，公共区域有图书馆和健身室，舰上还配置了现代化的厨房，可供舰员自用。还有食品室、洗衣房、理发室、邮局、存储室、办公室、医务室以及医生办公室等。

放眼全球，"巴赞"级护卫舰是率先使用"宙斯盾"作战系统的护卫舰，武备齐全，火力充沛，性能优异，在防空、反潜、反舰以及电子战等诸方面都十分出色，是西班牙的守护神，也是全球屈指可数的一流护卫舰之一。

北欧奇兵：瑞典"维斯比"级护卫舰

瑞典王国地处北欧，属中立国，东边为波罗的海，全国拥有 7600 多千米海岸线，漫长的海岸线决定了其对海军的重视。加之与俄罗斯的近邻关系，强化了其海军的建设实力。

▶ 瑞典"维斯比"级护卫舰

二战后，美苏冷战，军备竞赛激烈。精确制导、超级探测技术日新月异，常规舰艇遭受到严重威胁，舰艇隐身的问题日益凸显。因此，20世纪末，各国在战斗舰只的研发方面，都会优先考虑隐身问题，隐身措施已经成为影响舰艇生存力和战斗力的重要因素。

隐身理念风靡全球，新的战舰改头换面，无不冠以隐身，如法国的"拉斐特"、英国的"公爵"、以色列的"萨尔-5"等护卫舰，但这些隐身护卫舰都还处于半传统半隐形的境地。2003年瑞典的"维斯比"级护卫舰的服役，改变了前代隐身舰存在的大部分问题，该舰可以说属于第二代隐身护卫舰，也是真正意义上的隐身，与传统战舰外形差异较大，形状怪异。

"维斯比"级护卫舰由碳纤维制造，是按照全隐形规范设计的。在没有装载直升机的前提下，哪怕是使用最先进的雷达和红外探测设备，也极难侦测到。我们做一个假设，在平静的海面上普通舰只在100千米时极易被探测到，那么"维斯比"级护卫舰被敌方探测到的距离为22千米；如果是5级海况则被探测的距离仅为13千米，采取干扰技术后，能被探测的距离只有6~8千米。如果"维斯比"级护卫舰行至近海，敌舰的雷达势必会受到近海及岸上复杂的地形所干扰，则更难发现其踪迹。

"维斯比"首舰于20世纪末开始建造，2001年2月服役，瑞典也因此成了世界上第一个拥有真正实用型隐身舰的国家，该舰服役后一直在瑞典群岛、波罗的海和北海等近海海域执行任务。

1. 主要参数

标准排水量（吨）	550	满载排水量（吨）	620
全长（米）	72	全宽（米）	10.4
吃水（米）	2.4	乘员（人）	43
航速（节）	35	续航力（海里/节）	2500/15

2. 优势特点

（1）独特的动力装置

"维斯比"级护卫舰采用的是柴—燃联合动力装置，推进方式是双轴喷水。

4台燃气轮机在高速航行时为舰只提供21760马力的功率，最高航速可以达到35节。在巡航、反潜和猎雷时，由2台柴油机提供3536马力的功率，航速不超过17节。2组减速齿轮，每个齿轮箱有3轴输入，包括2台燃气轮机和1台柴油机。在燃气轮机工作时，每组减速齿轮可持续输出8000千瓦的功率；在柴油机工作时，可持续输出1300千瓦的功率。

喷水推进的基本原理就是用水泵将海水从船底部进水孔吸入，经管道把水再从船后方排出，靠水的反作用力来推进船舶。其优点，一是操纵性能好，可提高舰艇的转向和倒车性能，机动性好；二是不受吃水影响，特别利于在浅水水域航行；三是可在较大范围内调节航速，可以在很短的时间内进行急停与加速；四是有利于消除空泡影响，消除空泡可以提高推进效率，使油耗降低，提升舰只的经济效率；五是降低噪声明显，隐身效果更佳，与传统的螺旋桨推进方式相比，相同的航速下喷水推进舰艇的水噪声可以降低10分贝以上。

（2）高超的隐身设计

为了达到良好的隐身效果，"维斯比"级护卫舰在细节上下了很大功夫。

① 甲板上除了一个锥形指挥塔外无任何其他外露设施，舰面简洁平整。

② 舰体采用不规则倾斜多面体，舰载雷达和各种天线等都被封装起来。

③ 各种武器均安置在上甲板以下，武器的发射口也进行了遮挡。

④ 所有外露的上层建筑均涂有吸波材料，以降低雷达信号。

⑤ 为减少可视光信号，舰上各种旋转、闪烁的物体很少，全舰涂敷灰色阴影作为伪装迷彩。

⑥ 采取喷水推进减少水下噪声。

⑦ 为了压制动力噪声，燃气轮机和柴油机的安装基座进行了双层隔震处理，柴油机覆盖有密封的罩子，对柴油发电机还进行了隐身处理。

⑧ 将动力机产生的废气排放，排气口接近水面，并向排出的废气喷射海水，降低红外辐射。

⑨ 装备有消磁装置，对主、辅机进行消磁。

⑩ 屏蔽电子设备，降低电磁辐射，电子设备也采用磁辐射小的产品，可进一步提高隐身能力。

⑪常规舰艇的材料都是铝合金或钢材，而本级舰体采用的材料是碳化纤维复合材料，这种复合材料拥有坚固、耐撞、张力高、重量轻等特性，既不会有金属材质的磁性，还可以大幅降低雷达反射波。

从上述措施可以看出，"维斯比"级护卫舰的隐身设计已达到极高的境界。

尽管如此，21世纪新开发的合成孔径雷达和成像雷达均能轻松探测出具有战舰特点的V形首波，这使得早先几艘采用传统外形的"维斯比"级护卫舰的隐身效果受到影响，后期的舰体形状有所改进。还有一个麻烦就是舰载直升机未采取隐身措施，其雷达反射面积远大于舰体，直升机如果停在飞行甲板上，隐身效果就很差了。

（3）灵活多变的作战系统

作战管理系统就是舰艇的大脑。"维斯比"级护卫舰采用瑞典自行设计的作战管理系统，该系统是一种实时的、模块化的开放式系统。在舰的中部设有12个多功能操作台，采用Windows NT操作系统，处理各类作战信息。Windows系统是大众办公系统，操作简单易行，便于更新，节约经费和时间。

"维斯比"级护卫舰的作战系统采用较为单一的被动探测装置，含有一个被动式拖曳阵声呐／雷达系统、一个红外线搜索／跟踪系统和一个电子支援系统。其中，电子支援系统采用的是美国的"秃鹫"战术电子支援系统。"秃鹫"系统可全面地感知战场实况态势，监视和定位目标。其接收频段宽（2～8 GHz），可以探测和接收250千米范围内的各种雷达信号。

"维斯比"还有一个神奇的综合声呐系统，它把拖曳声呐、变深声呐和舰壳声呐等多种舰载雷达与瑞典市政三维海床数据库和声学监视系统相联结，更加便于对潜艇，特别是座沉海底的潜艇进行探测、分类和跟踪；还可进行被动测距，对来袭鱼雷预警；监测本舰的噪声，进行针对各种水雷的反水雷作战。主动声呐包括变探声呐和舰壳声呐，变探声呐主要是在护航和巡逻时使用，对移动和固定目标进行远距离探测、跟踪和定位。综合声呐系统还能对舰载直升机布撒的 8 个声呐浮标信号进行处理，并能控制遥控潜航器声呐。

"维斯比"舰上还携带有 2 个遥控潜航器，一个是"双鹰"MK Ⅱ 型遥控潜航器，用于监视及探测海水盐度、导电率及深度等。另一个装备是识别摄像机和分类声呐，能以 6 节航速在舰前方 500 米以外处航行，此潜航器用于对座沉海底的潜艇进行监测，同时具有反水雷的功能。遥控潜航器工作时通过一根操纵电缆与母舰操纵台相连，通过母舰声呐的引导，向目标区驶入，接近目标时，打开自身携带的声呐，准确地引导到目标旁。

3. 舰载武器

瑞典有一种独特的直径为 400 毫米的水下中型自动鱼雷，特别适于在浅水区打击低噪目标，而且有较好的抗干扰力和较高的命中率。"维斯比"级护卫舰上安装的武器不多，却安装了 4 具固定式 400 毫米鱼雷发射器，可用于发射反潜线导鱼雷，即 TP45 鱼雷或 TP62 重型鱼雷。

另一种武器是反潜火箭弹发射装置，该装置可以发射"萨伯"601 型反潜火箭弹，该弹长 267 毫米、直径 100 毫米、重 4.2 千克，爆破方式是定向爆破，射程可达 1200 米。这种火箭弹可以吸附在敌方潜艇壳

▷ 瑞典"维斯比"级护卫舰

体上爆炸，摧毁入侵潜艇。在"维斯比"级护卫舰上另装有 2 座四联装 ALECTO 系统，也可以使用 127 毫米火炮发射装置，发射长 1.8 米、重约 50 千克的另一种火箭，这种火箭使用不同的战斗部进行反潜、反鱼雷和电子对抗，作战范围被大大地扩大，可达几百米至 6000 米。

第三种武器是 57 毫米舰炮，此舰炮也是舰艇上唯一的硬杀伤防空武器，布置在舰的上层建筑，采用隐身炮塔，由雷达/光电指挥仪控制。另外，由于"维斯比"级护卫舰良好的隐身效果，该舰安装了以冷发射方式垂直发射的防空导弹，以控制舰的红外信号。

在第二批"维斯比"级护卫舰上装备有 8 枚 MK-2 型 RBS15 反舰导弹，左右舷各 4 枚，从护卫舰甲板的专门舱口射出，导弹掠海飞行，速度可达 0.8 马赫。这种反舰导弹采用主动雷达末端制导，属于半穿甲爆破，其战斗部重 250 千克，最大射程也可以达到 150 千米，威力很大。

出于多种特殊任务的需求，尽管舰载直升机上舰会大大降低"维斯比"级护卫舰的隐身效果，但是仍有部分"维斯比"级护卫舰装备了轻型直升机，舰体也有所增长。尺寸的增大使舰的耐波性和自持力得到改进，使舰艇的效能得到了提高，但隐身的问题就暴露了，因此，隐身无人机可能是未来该舰的最佳选项。

"维斯比"级护卫舰从吨位上来讲只能算是一种艇，但是，由于其优异的隐身设计、新颖的外形构造、独特的材料应用，吸引了全世界的眼球，必将对未来军舰产生巨大的影响。尽管"维斯比"级护卫舰的隐身功能已经在全球比较超前，但是，瑞典海军仍投入大量资金不断地进行改进，希望能有更大的突破。

历久弥新：荷兰"卡雷尔·多尔曼"级护卫舰

荷兰地处西欧，西北两面濒临北海，与德国和比利时比邻，南北长约 300 千米，东西宽约 200 千米，海岸线长 1075 千米。荷兰的围海造地世界闻名，阿姆斯特丹、鹿特丹、海牙驰名全球。荷兰素有"欧洲门户"之称。

荷兰是北约成员国之一，其海军在北约内部的分工主要是提供编队的防空，因此荷兰海军的护卫舰特点是以防空为主，装备有防空导弹。荷兰海军旧式军舰发射防空导弹大多采用联装回转形式，发射角度十分有限，反应时间过长。"卡雷尔·多尔曼"级护卫舰是荷兰在 20 世纪末最先安装导弹垂直发射装置的舰只之一，垂直发射装置的反应快、全方位，导弹腾空后可以朝任何方向攻击。

"卡雷尔·多尔曼"级护卫舰的甲板设计比较独特，采用平甲板船型，首舷弧从舰体中部开始出现，直至舰首，以增加舰首的高度，减小甲板上浪的机会。舰体中部较宽，舰首尖瘦，舰体中部下设减摇鳍，提高稳定性。为了增大空间，该级护卫舰的船体外形设计比较特别，能最大限度地利用舰体有效的空间，有更大的空间去布置各种舰载设备和生活设施。上层建筑被安装在舰体的中部，高度较低，长约占舰身的一半。塔式桅杆和舰桥在前部，反舰导弹发射装置和烟囱在中部，后部是机库。在上层建筑前部的甲板上装有主炮，机库左舷侧是舰对空导弹垂直发射装置，拖曳声呐在舰尾的主甲板。

➢ 荷兰"卡雷尔·多尔曼"级护卫舰

1. 主要参数

标准排水量（吨）	2850	满载排水量（吨）	3320
全长（米）	122.3	全宽（米）	14.4
吃水（米）	4.3	乘员（人）	156
航速（节）	30	续航力（海里/节）	5000/18
动力	柴—燃联合动力装置，2台燃气轮机，输出功率33800马力，2台巡航柴油机，输出功率8700马力，双轴推进，可调螺距螺旋桨		

2. 武器配置

"卡雷尔·多尔曼"级护卫舰是一款多功能护卫舰，主要装备有舰舰导弹、防空导弹和近防炮、反潜鱼雷和反潜直升机。舰舰导弹是2座四联装"鱼叉"导弹发射装置，射程130千米，导弹飞行速度1100千米/时。舰对空导弹垂直发射装置，配载16枚导弹，对空射程14.6千米，飞行速度3000千米/时。

1门最新型的76毫米舰炮，设计仰角85°，射击速度100发/分，对舰或平射射程可达16千米，对空射程可达12千米。1座"守门员"近程防御武器系统，7管30毫米炮，还有2门20毫米炮。2座双联装324毫米鱼雷发射管，该发射管安装在后部上层建筑内。舰载机为"大山猫"直升机。

3. 电子系统

（1）舰载雷达

1部三坐标对空/对海搜索雷达，1部对空搜索雷达，1部导航雷达，

➢ 荷兰"卡雷尔·多尔曼"级护卫舰

➤ 荷兰"卡雷尔·多尔曼"级护卫舰

2部火控雷达。

（2）舰载声呐

低频主动拖曳阵声呐，中频舰壳声呐。

（3）作战系统

使用荷兰电信公司研发的"锡瓦科"作战指挥系统，及其配套的数据链，另加卫星通信系统。

（4）电子监视／对抗系统

2座6管固定式干扰物发射装置，1个拖曳式鱼雷诱饵，发射距离为4千米，以及由电子侦察和干扰组成的电子支援系统。

4. 动力配置

本级舰的动力采用柴油机和燃气轮机交替模式，可以大大地增大续航力，降低巡航时不必要的燃油消耗。巡航时采用2台柴油机，功率8700马力，高速行驶时采用2台燃气轮机，功率33800马力。采用双轴推进，可调螺距螺旋桨。

海上"武士"：日本"阿武隈"级护卫舰

第二次世界大战前夕，日本就拥有了航空母舰以及零式战斗机等当时世界上最为先进的武器和设备。日本士兵战力彪悍，武士道精神很强，其民族凝聚力巨大，加之长期的备战，使得其军事实力可以同时侵略中国，挑战美国，给人类带来了巨大的灾难。尽管在二战后期遭遇惨败，但是其雄厚的技术和军事基础，使得其在战后很短的时间内国力就得以恢复。并且，在日本右翼思潮始终占据上风，尚武之风不减，很多人都企图恢复日本昔日的辉煌，因此日本在军事工业方面一直没有放松，始终处于亢进的境地。加之有美国的庇护和支持，更加能在和平的环境中快速发展。所以，日本的护卫舰也在世界上处于比较领先的位置。

"阿武隈"级护卫舰是日本海上自卫队的护航护卫舰。舰体比以前的许多日本护卫舰的尺寸增大了很多，满载排水量达到2900吨，更加平稳，乘员适居性有所改善，武配齐全，火力强大。

"阿武隈"级护卫舰的设计从1986年展开，首舰于1988年3月开工，同年12月下水，1989年12月进入服役。

1. 主要参数

标准排水量（吨）	2000	满载排水量（吨）	2900
全长（米）	109	全宽（米）	13.4
吃水（米）	3.8	乘员（人）	120
航速（节）	27	续航力（海里／节）	3000/20

➤ 日本"阿武隈"级护卫舰

2. 设计特点

（1）动力系统

"阿武隈"级护卫舰采用柴—燃联合动力装置，主机是由英国劳斯莱斯授权日本川崎重工生产的 2 具燃气涡轮，以及日本三菱公司生产的 2 台柴油机，舰上还装有一台功率为 1000 kW 的燃气涡轮发电机。最大航速可达 27 节。采用可变距侧斜式螺旋桨，较普通螺旋降低四分之一的转速，可有效增强静音效果。

（2）船电系统

"阿武隈"级护卫舰的电子装备包括 1 具平面搜索雷达、1 具对空搜索雷达和 2 具射控雷达，1 具 DE-1167 舰首主 / 被动声呐，1 具 AN/SQR-19 拖曳阵列声呐，声呐系统相当齐全，具备大洋侦潜能力。战情室移至主舰体内部，以增加抵抗战损的能力。

（3）舰载武装

"阿武隈"级护卫舰的火力配置很强大，特别是在反舰与反潜火力方面，甚至超过一些国家的驱逐舰。

反舰：舰首装有 1 门 76 毫米舰炮，2 组四联装反舰导弹。

反潜：1 具仿美八联装反潜导弹发射器，配反潜导弹；2 座三联装仿美 324 毫米鱼雷发射器，可发射反潜鱼雷；配有拖曳阵列声呐和舰首声呐。

防空：舰尾设有 1 具美制 MK-49 21 联装拉姆短程防空导弹系统，进一步提高了舰艇的防空自卫能力。

没有机库和直升机起降甲板，但舰尾设置有直升机垂降补给区。

反舰导弹：2 座四联装 "鱼叉" 反舰导弹发射装置。

"阿武隈"级护卫舰总共建造了 6 艘，在 20 世纪 80 年代末期至 90 年代初期陆续服役。"阿武隈"级护卫舰是日本海上自卫队首艘同时拥有"阿斯洛克"与 "鱼叉" 导弹的护卫舰。由于日本海上自卫队在 21 世纪初面临预算不足和规模缩减等问题，没有足够的资金去建造新舰，从 2012 年开始，只陆续对 "阿武隈" 级护卫舰进行保守式维修。

第五章

曾经的辉煌：著名退役护卫舰

第二次世界大战中，盟军护卫舰成功地打击了德国潜艇，从而奠定了其在海军中的地位。其后，以美国为代表的许多西方国家都非常重视护卫舰的研制，美国的护卫舰也是最具代表性和先进性的。随着战后火箭、导弹和电子技术的迅猛发展，护卫舰也得到了极大改进。本章主要以几种著名护卫舰为例，着重介绍护卫舰在不同时期的发展情况。

Chap.5

美国独立战争，也称美国革命战争、北美独立战争，是北美 13 个殖民地的民众联合打败其宗主国英国，并获得独立的战争。战争始于殖民地局部的经济对抗，后因为多国的介入，变成了一场名副其实的国际战争。

英国利用其海军优势占领了殖民地的临海城市，但对于乡村却束手无策。经过艰苦斗争，英美终于在 1783 年 9 月 3 日签订《巴黎和约》，英国承认美国独立。美利坚的独立对世界各国反对殖民统治的革命也起到了积极的推动作用。

老铁壳：美国"宪法"号风帆护卫舰

美国"宪法"号风帆护卫舰，别名"老铁壳"，是现役的美国海军一艘木质三桅风帆护卫舰，是世界上年龄最老的一艘在役护卫舰，在美国独立的初期就开始服役，已持续服役超过 220 年。

美国独立初期，出于保护商船、打击海盗的目的，联邦政府决定建造 6 艘战舰，成立美国海军。1789 年，为了纪念美国宪法生效，6 艘在建军舰中的一艘由美国首任总统华盛顿亲自命名为"宪法"号。"宪法"号目前仍属于现役舰，拥有一支 60 人的舰员队伍，舰员也自然隶属在役海军的编制，今天的"宪法"号作为美国海军的象征，已经不再执行具体的军事任务了，它停泊在波士顿的查尔斯顿海军基地一号码头，着重负责向公众宣传美国海军史。

1. "宪法"号的历史

美国"宪法"号风帆护卫舰用坚韧的橡木做船壳板，坚硬如铁，故被称为"老铁壳"。它是 19 世纪美国独立后最具传奇色彩的战舰，可以说是美国海军的超级幸运之神。它经历非凡，战功赫赫，多次参战，从无败绩。尤其是在 1812 年与英国的战争期间，参加过 40 多次海战，在与英舰一对一的较量中屡战屡胜。该舰一直被美国海军视为拼搏和胜利

➤ 美国"宪法"号风帆护卫舰

的象征。

1794 年 3 月 27 日是一个值得世界海军记住的日子，这一天，美国国会授权组建美国海军，从此开启了人类历史上超级"巨无霸"海军的历程。可是谁能知道，当时所谓美国海军只有 6 艘木质舰，其中的一艘就是我们现在还能看到的"宪法"号。

当时的 6 艘军舰分别在美国不同的地方建造，而"宪法"号就被要求在波士顿的埃德蒙特·哈特码头动工，建造此舰的木头使用了从佐治亚州到缅因州的从南到北各州共 1500 株大橡树，火炮在罗得岛铸造。此举意即此舰是集全国之力而建，也是为了体现美国的坚强、勇敢与团结。1797 年下水，1798 年 7 月开始服役，主要巡逻于西印度群岛海域。

2. 主要参数

舰总长（米）	62.2	舰宽（米）	6.85
排水量（吨）	2200	航速（海里/时）	13
帆面积（平方米）	3969	船员（人）	400
武器装备	28 门 24 磅火炮，10 门 12 磅火炮		

3. 主要经历

1783 年美国取得独立战争的胜利，1794 年，"宪法"号等 6 艘巡逻炮舰以保护美国商船队不被英国、法国海军或阿尔及利亚海盗袭击的名义而建，1798 年 7 月 22 日开始服役，当时的主要任务是在西印度群岛巡逻。

1803 年，"宪法"号被派往地中海参加美国海外第二战队，保护美国船只免受海盗袭击，期间曾炮轰过的黎波里（地处北非的的黎波里当时海盗猖獗，美国的商队常被袭击）。

1805 年 7 月，在"宪法"号风帆护卫舰上，美国与的黎波里海盗签订了和平条约，此后海盗不再袭击美国的商船，美国也结束了被海盗侵袭的屈辱历史。

1812 年 6 月，美国第二次独立战争打响。8 月中旬，美英在波士顿外海开战。8 月 19 日下午，"宪法"号首次一对一与英国军舰作战，"宪法"号以美牺牲 14 人的代价，毙敌 79 人，并击沉英舰。12 月 29 日，"宪法"号又在巴西外海与英国军舰开战，海战结果是击毙英军 150 人，己方只死亡 34 人，这是该舰最荣耀的两场海战。

1815 年，北非海盗再次猖獗，又不断地袭击美国商队，在取得了美英战争的胜利后，美国再次向地中海及北非地区派出舰队，彻底击垮了海

➤ 美国"宪法"号风帆护卫舰

盗势力，美国海军的实力大振，成了地中海的海上霸主。在这个过程中，"宪法"号起到了不可估量的作用，为美军的崛起作出了杰出的贡献。

1815 年后，"宪法"号多次担任美国海军战队旗舰。

1828 年 7 月，服役 30 年的"宪法"号退役，美国政府按常规决定拆解该船。

1855—1860 年，"宪法"号被改装，用于训练海军新人。

在随后的 90 多年时间里，该舰先后被送入军校、参加博览会等，直到 1954 年，美国国会再次通过法案，授权海军部修理、复原"宪法"号，要求复原后的"宪法"号不服役，但必须保持正常可用状况，长期在波士顿维护。

1997 年 7 月 21 日，"宪法"号 200 岁生日。美国以及世界各国的海军舰艇聚集波士顿港向"宪法"号致敬！

2000 年 7 月 11 日，引导 120 艘舰船在波士顿港进行海空阅兵式，作为"SAIL BOSTON 2000"之序幕，开启"老铁壳"周游全美计划。

2012 年 8 月 19 日，参加海上激战 200 周年纪念活动，从波士顿港口出发，在远海巡航 10 分钟。

"宪法"号风帆护卫舰作为全世界服役时间最长、年限最长的现役舰只，亲身经历了美国海军从弱到强的全过程，也见证了三个世纪世界海军的进步和发展，不仅是美国海军的骄傲，更是全体美国人民的骄傲。

冷战先锋：美国"迪利"级护卫舰

美国海军护卫舰具有较强的反潜能力，主要用于为海上运输舰船护航，保护其两栖舰艇渡海和登陆作战。护卫舰分为导弹护卫舰和常规武器护卫舰两种，早期各国的护卫舰都以常规武器护卫舰为主，火炮力量弱，反潜兵器强。二战后，美苏冷战，两国军备竞赛激烈，在竞争中护卫舰也得到了迅速的发展。

"迪利"级护卫舰是第一代常规武器护卫舰，因反潜能力很强而极具影响力。首舰"迪利"号（DE1006）是该级舰的杰出代表，1954 年服役，1974 年退役。

> 美国"迪利"级护卫舰

作为冷战的急先锋，"迪利"级护卫舰一共生产了 13 艘，1974 年全部退役。在"迪利"之后，美国海军经历了"克劳德·琼斯""布朗斯坦""加西亚"和"诺克斯"等几代护卫舰的更替，直到 20 世纪 80 年代初期，导弹护卫舰才全面装备部队，其中最优秀的代表就是"佩里"级护卫舰。

1. 主要参数

标准排水量（吨）	1280	满载排水量（吨）	1892
全长（米）	95.9	全宽（米）	11.2
吃水（米）	5.5	乘员（人）	173
航速（节）	27	续航力（海里 / 节）	6000/12
动力	1 台蒸汽轮机，输出功率 20000 马力，5 桨叶单轴推动		

2. 武器装备

舰炮：2 座 MK-33 双管 76 毫米高平两用炮（前面的 1 座有防盾，后面的 1 座为敞露式）。

反潜：所有舰只都备有 2 座反潜火箭弹发射器，前面 6 艘使用的是早期威力较小的火箭弹，后面的 7 艘更换为升级后的 MK-108 反潜火箭，所有舰都配备有 2 座鱼雷发射器。

1962 年，"迪利"级拆去了后主炮，空出了后甲板，配备了遥控无人反潜直升机，进一步提升了该舰的反潜能力。

3. 外销情况

该级护卫舰于 1974 年全部退役，有两艘分别卖给了乌拉圭和哥伦比亚，这两艘舰均服役至 20 世纪 90 年代才除役，可见该级舰在当时的先进性和实用性。

首试导弹：美国"布鲁克"级护卫舰

"布鲁克"级护卫舰，是美国海军史上第一代导弹护卫舰，首级舰"布鲁克"号一改过去护卫舰的建造风格，舰首为球鼻状，舰尾是方形，20 世纪 70 年代初开工，1966 年服役，共建造 6 艘。

1. 主要参数

标准排水量（吨）	2640	满载排水量（吨）	3426
全长（米）	126	全宽（米）	13
吃水（米）	4.42	乘员（人）	228
航速（节）	27.2	续航力（海里 / 节）	4000/20
动力	1 套锅炉和蒸汽轮机，输出功率 34076 马力		
船电系统	声呐	1 部舰首声呐	
	雷达	1 部对空搜索雷达，1 部导航雷达，1 部导弹制导雷达，1 部炮瞄雷达	
	电子战系统	SLQ32V 电子战系统，MK-36 干扰火箭发射装置，OF82 卫星通信设备	
	火控系统	1 部 MK-4 目标指示系统，1 套 MK-56 舰炮火控系统，1 套 MK-74 导弹火控系统，1 套 MK-114 反潜火控系统	

2. 建造情况

1962—1967 年五年间共建造了 6 艘"布鲁克"级护卫舰，分别是"布鲁克"号、"拉姆齐"号、"斯科非尔德"号、"塔尔特"号、"佩奇"号和"弗雷尔"号。

3. 火力配置

防空：1 座标准防空导弹发射装置。

反潜：2 座三联鱼雷发射装置；1 座八联装反潜火箭发射装置。

近防：1 座 127 毫米速射舰炮，1 架反潜直升机。

"布鲁克"级护卫舰服役后，因其独特的防空绝技和反潜能力，很快受到美国海军的喜爱，与其他相同类型的中小型战舰相比，它所具有的多功能装备性能一时间技压群芳，并成为当时航母战斗群的主要带刀护卫。

➤ 美国"布鲁克"级护卫舰

1975 年，鉴于其优良的特点，在美国海军舰种的统一调配计划中，该级导弹护航驱逐舰被直接划归导弹护卫舰行列，直至 20 世纪 80 年代末，随着海军舰艇的排水量增加，武器配置过于复杂且排水量略小的"布鲁克"级护卫舰，逐步被新产的"佩里"级护卫舰替代，从而完成了它的历史使命。

专业反潜：美国"诺克斯"级护卫舰

"诺克斯"级护卫舰是世界上首级专门的反潜护卫舰，也是美国第二代导弹护卫舰。其防空性能也不弱，基本可以说是一级多功能导弹护卫舰。首舰"洛克斯"号于 1969 年 4 月服役，同级舰一共建造了 46 艘，为了外销，于 1974 年前全部服役。从 1990 年开始，部分舰只陆续转入预备役或外租。

"诺克斯"级护卫舰是在前级"加西亚"级护卫舰的基础上改进而成的。最大改进在于两点：第一，将"加西亚"级机库前方的火炮换成了防空导弹发射装置，导弹取代火炮，火力大大提升；第二，进一步改善了舰员的居住条件。

作为一级专门的反潜护卫舰，除了 1 座双联装鱼雷发射管和 1 座八联装反潜火箭弹外，还搭载有 1 架反潜直升机，可以说这在同时期的护卫舰中的反潜配置是最高的。

反舰方面，配有 1 门 127 毫米火炮和 2 座四联装"鱼叉"舰对舰导弹。

探测设备，包括对海警戒雷达、对空警戒雷达、导航雷达和炮瞄雷达、舰首声呐和拖曳线列阵声呐。另外，指挥控制和电子战设备也是十分先进的。

防空方面，早期"诺克斯"级护卫舰机库后方是空白区，后期均进行了改装，在此空白区域装上了6管"密集阵"近防炮，有的还装上了"海麻雀"防空导弹，大大地提升了防空实力。

1.主要参数

标准排水量（吨）	3010	满载排水量（吨）	3880
全长（米）	134	全宽（米）	14.3
吃水（米）	4.6	乘员（人）	288
航速（节）	27	续航力（海里／节）	4000/22
动力	1台旧式蒸汽涡轮机，输出功率35000马力，单轴推进		

➤ 美国"诺克斯"级护卫舰

电子系统	声呐	1部舰首声呐，1部拖曳阵列声呐，1部可变深度声呐
	雷达	1部对海搜索雷达，1部对空搜索雷达，1部导航雷达，1部火控雷达
	电子战	1套电子战系统
	战斗系统	1套指挥控制系统

2. 结构特点

　　"诺克斯"级护卫舰在 20 世纪 70 年代可以说是最为霸气的反潜护卫舰。因此，在船体的外形和结构上也很张扬。其前甲板很长，几乎占了舰长的二分之一。舰只前部甲板上面安装有一具反潜导弹发射装置，该装置可以说是当时美国最先进的。该发射装置本来就体形庞大，在它的前面又装了一具 5 英寸（127 毫米）的大口径舰炮，非常突出和醒目。

　　圆柱状的桅杆与烟囱融为一体安置在舰的中部，在桅杆前缘还安装了一具 SPS-40B 对空搜索雷达，同级舰中有个别舰还在后面的上层建筑顶

➤ 美国"诺克斯"级护卫舰

部增设了一具"鱼叉"导弹发射装置。

简而言之,"诺克斯"级护卫舰的外形特点十分明显,上层建筑长,顶部两端高中间低,桅杆粗大呈桶形,在其前端还有一大口径舰炮,甚是雄伟挺拔,桅杆上面还有众多天线。在机库后方有一块面积很大的直升机起降平台。

3. 外销情况

从1990年开始,"诺克斯"级护卫舰在美国陆续退役,退役后的"诺克斯"级护卫舰由于其强大的影响力,被很多国家或地区购买或租赁。

土耳其购买了9艘,埃及和墨西哥各购买4艘,希腊购买3艘,泰国购买2艘;中国台湾租借了9艘。

全职外援:苏联"科尼"级护卫舰

在20世纪60年代冷战正酣之际,苏联为了和美国对抗,争夺世界霸权,除了在各地军事占领或海外驻军外,还通过向外军出售军备以及军事援助等手段,来增强在海外的军事存在。1968年,苏联决定在已成名的159型护卫舰的基础上,研制新的出口型护卫舰——1159型护卫舰,北约命名为"科尼"级护卫舰。

"科尼"级护卫舰是一级专门用于出口给社会主义阵营的华沙条约国

➤ 苏联"科尼"级护卫舰

家组织成员国的轻型护卫舰。除了首舰"海豚"号被苏联保留下来作为教练舰（用来培训那些购买了该级战舰的国家的舰员们）之外，其他的 14 艘舰经过"下水—入列苏联海军—退役—转卖"程序后，分别卖给了东德、南斯拉夫、古巴、阿尔及利亚和利比亚，教练舰退役后转给了保加利亚。该舰可以说是"全职外援"之舰，这也许就是该舰出名的原因吧！

"科尼"级护卫舰分为截然不同的两种子类型，"科尼Ⅰ型"级和"科尼Ⅱ型"级（也叫 1159T），两者的不同之处在于"科尼Ⅱ型"级战舰由于主要销往非洲等热带地区，因此，在其烟囱和后部上层建筑之间添加了一个甲板室，并安装了空调，用来供舰员们在炎热的夏天或热带地区使用，以提高舰员的居住和生活条件。

"科尼"级护卫舰于 1968 年研制，1971 年 5 月开始服役，共生产 14 艘。在 1159 型的设计方面，设计人员充分吸收了 159 型护卫舰和 1124 型小型反潜舰的建造经验，采用平坦式甲板结构，舰首甲板向上翘，且上翘幅度较大。

1. 主要参数

标准排水量（吨）	1515	满载排水量（吨）	1670
全长（米）	96.51	全宽（米）	12.56
吃水（米）	4.06	乘员（人）	96 ~ 110
航速（节）	29	续航力（海里 / 节）	2000/14
动力	柴—燃联合动力装置，1 台燃气轮机，输出功率 18000 马力，2 台高速柴油机，输出功率 18000 马力，三轴推进		

2. 武器配置

"科尼"级护卫舰的武器配置包括 2 座 76 毫米双联装两用全自动火炮，2 座 30 毫米双联装全自动高炮，2 座反潜火箭弹发射装置，配备 120 枚火箭深弹，1 座双联装防空导弹发射装置，配备 20 枚防空导弹，舰上配备了 12 枚深水炸弹，还有两条布雷滑轨，配备有 14 枚水雷。

对于千吨级的轻型护卫舰来说，如此配置是非常均衡和强悍的。有关"科尼"级护卫舰的武器和电子系统等各类参数，各种资料上的介绍不尽相同，其原因是相同级别的舰只，型号不同、生产时间不同，配置即会发生些许改变，但是不影响对该级舰的整体介绍。

"科尼"级护卫舰及其改进型是当时东欧国家或华沙条约国家组织成员国的主打护卫舰。一级舰艇全部用来出口，这在苏联乃至全世界的军舰建造史上也是极其罕见的。可以说"科尼"级圆满地完成了历史赋予它的使命。该级舰共建造 14 艘，全部用来出口，所以说它是"全职外援"当之无愧，再合适不过了。

吨位制胜：英国"利安德"级护卫舰

　　英国"利安德"级护卫舰，又称英国皇家海军"海狼"级改型战舰，1962 年下水，1963 年服役，是当时世界上吨位最大、用途最广、服役时间最长、改进最多，但外形丑、火力较弱的一款护卫舰。

　　英国海军为自己生产了 26 艘，为荷兰等其他国家生产同级舰 14 艘，即一共生产了 40 艘，是英国海军在二战后建造数量最多的护卫舰。

　　根据二战中的经验，英国海军在 20 世纪 50 年代，设计建造了数十艘排水量在 2500 吨、航速约 29 节、以护航反潜为主、兼顾防空且继承英国舰队舰体坚固、适航性良好等特点的护卫舰。在这一系列护卫舰中最为出

➤ 英国"利安德"级护卫舰

➤ 英国"利安德"级护卫舰

色的就是满载排水量 3000 吨级的"利安德"级护卫舰。

受经济条件的影响，"利安德"级护卫舰从 20 世纪 50 年代使用到了 80 年代，仅英国的 26 艘就分为三个批次，第一批 10 艘，第二批 6 艘，第三批 10 艘。每个批次都根据当时的具体需要进行过改进，包括炮塔的拆除、增加电子设备、增加拖曳式阵列声呐、增加防空导弹和反舰导弹等，保证对空雷达、对海雷达、导航雷达、火控雷达、指挥系统、声呐和电子战装备等一应俱全，以此来满足该级舰的不同用户在防空、反潜、反舰等多方面的要求。

"利安德"级护卫舰成为那个年代英国和有关国家的主力舰纯属偶然，原本英国皇家海军把"利安德"级护卫舰作为辅助力量，但是由于国际安全格局发生了变化，海上战争由二战时期的真枪实弹变成了相互对峙的冷战，吨位大、功能全的舰只似乎更有威慑力，加之从战争中刚刚恢复过来的英国财政的确窘迫，因此，"利安德"这根"鸡肋"倒成了英国海军当时的主力，英国海军也不得不反复地改进这些战舰，以应付需求。

1. 主要参数

标准排水量（吨）	2500	满载排水量（吨）	2860
全长（米）	113	全宽（米）	13.1
吃水（米）	5.5	乘员（人）	257
航速（节）	28	续航力（海里 / 节）	4500/12
动力	2 套锅炉及蒸汽轮机，总输出功率 25000 马力，双轴推进		
船电	声呐	1 部舰体声呐，1 部水下电话，2 座干扰物发射装置	
	雷达	1 部对空 / 对海搜索雷达，1 部防空导弹控制雷达，1 部 1006 型导弹雷达	
	战斗系统	1 套计算机辅助战斗情报数据系统，1 套电子监视系统	

2. 武器系统改造

该级舰 26 艘可以分为三个类型，即"利安德"级Ⅰ型（共 8 艘）、"利安德"级Ⅱ型（8 艘）和"利安德"级Ⅲ型（10 艘）。为提高作战性能，英国海军对 10 艘"利安德"级Ⅲ型中的 5 艘进行了最为彻底的改造。增加了 1 套 GWS.25"海狼"自动要地防御弹道系统以及许多新型的较为先进的传感器系统，使得这 5 艘战舰成了功能强大的护卫舰；另外 5 艘则由于英国当时财力因素被迫搁置，除转卖了 1 艘给新西兰外，其余 4 艘保留了原先装备的双联装 4.5 英寸（114 毫米）口径火炮和"海猫"防空导弹。

8 艘"利安德"级Ⅱ型护卫舰的改造就复杂了，改成了三种类型。第一种是 4 艘，装备了拖曳式阵列式声呐和"飞鱼"导弹，另在舰艉右舷安装一部 2031 型多用途监视和战术拖曳式阵列声呐，以提高护卫舰的反潜能力；另外 3 艘，用 4 座"飞鱼"导弹发射装置替换了原来 4.5 英寸口径的 MK-6 型双联装火炮装置，还装备了 3 座 GWS.22"海猫"防空导弹发射装置，以提升防空能力；"利安德"级Ⅱ型最后一艘则改成了教练舰。

8 艘"利安德"级Ⅰ型护卫舰则改造成了专门的反潜战舰，加装了 1 座 GWS.40"依卡拉"反潜导弹装置。改装后除 1 艘转卖给新西兰外，其他 7 艘一直在英国海军服役到 20 世纪 90 年代初才除役，除役后全部转卖给了其他国家。该舰直接销售给智利 2 艘；以许可证方式允许澳大利亚生产了 2 艘，印度生产了 6 艘，荷兰生产了 6 艘。荷兰的 6 艘在 20 世纪 80 年代全部转卖给印度尼西亚。

退役老"兵"：英国"大刀"级护卫舰

  "大刀"级护卫舰是世界上最先采用无主炮、全导弹的大型远洋反潜护卫舰。

  20 世纪 70 年代末 80 年代初，受"导弹至上"思维的影响，英国研制成一种大型远洋全导弹无主炮反潜护卫舰——22 型反潜护卫舰，因首舰英文名 Broadsword 为"大刀"之意，国内各种资料习惯称之为"大刀"级护卫舰。也被译为"阔剑"或"佩剑"。

  "大刀"级护卫舰的特点除了"全导弹化"外，为适应远洋作战，舰体大型化、排水量高也是显著特征。在 21 世纪前，一直是世界海上排水量最大的护卫舰。由于其改装后的空间大，船员的居住条件也有了大大改善，而且其反潜能力也很强，可以说是 20 世纪 80 年代先进护卫舰的代表。

  该级舰共建成 3 型 14 艘，于 20 世纪 80 年代初服役。在 1982 年英国与阿根廷的马尔维纳斯群岛海战中，该级舰曾有过不俗的表现，现已退役。在马岛战争中，"大刀"级护卫舰的"海狼"防空导弹多次击落阿根廷战机，表现优异。但该舰无主炮，故其对岸支援能力不足。

  英国在二战后经济衰退，国力萎缩，虽然也先后研发过多型护卫舰，但到了 20 世纪 70 年代，均已落伍，冷战期间难以应付苏联海军日益增强的潜艇力量。1967 年经过英国政府批准，英国皇家海军决定开始几个新舰艇的研发计划，其中有一个就是用来替代"利安德"等系列护卫舰的新型反潜护卫舰，也就是后来的"大刀"级护卫舰。由于英国皇家海军当时优先考虑驱逐舰方面的发展计划，加之其财政窘迫，因而"大刀"级护卫舰的进展比较缓慢。直到 1974 年首艘的建造合约才被批准，首舰"大刀"号直到 1979 年才入役。

  最初的"大刀"级护卫舰也打算做成"利安德"级的次等廉价舰型，预计生产 24 艘，专门用于反潜。但设计期间，需求不断地变化，舰体也被不断地放大，为满足其适航力和舰载装备增强的要求，加之当时盛行"导弹制胜论"，英国海军确定研制中的新型反潜护卫舰废弃传统主炮，全部武器实行"导弹化"。随着吨位与装备的不断扩充，"大刀"级护卫舰慢

➤ 英国"大刀"级护卫舰

▷ 英国"大刀"级护卫舰

慢地朝向通用的方向发展了，导致成本高涨，最后只建造了 14 艘。

"大刀"级护卫舰设计理念优良，但外形大，造价昂贵，首舰服役时造价已达到 6800 万英镑，远远超出当时英国的 42 型驱逐舰 4000 万英镑的造价。从经济角度考虑很难大量建造，也就无法取代落后的"利安德"级护卫舰，也达不到在北约作战和派往海外作战的目的。

由于"大刀"级护卫舰超豪华的配置，在当时被公认为第二次世界大战后皇家海军乃至全球最出色的护卫舰，当然也是最昂贵的护卫舰了。

1. 主要参数

标准排水量（吨）		3500	满载排水量（吨）	4400
全长（米）		131	全宽（米）	14.8
吃水（米）		6.1	乘员（人）	222
航速（节）		30	续航力（海里 / 节）	4500/18
动力		2 台主燃气轮机，输出功率 54600 马力，2 台巡航用燃气轮机，输出功率 9700 马力，双轴推进		
电子系统	声呐	1 部船壳搜索与攻击声呐		
	雷达	1 部对空搜索雷达，1 部导航雷达		
	火控系统	1 套航空导弹火控系统，1 套 GW50/60 火控系统		
	干扰系统	4 座干扰物发射装置，1 套电子监视系统		
	战斗系统	1 套作战数据自动处理系统，配卫星通信系统		

武器系统	防空	2门双联装30毫米火炮
	反潜	2座三联装324毫米鱼雷发射管，配MK-46反潜鱼雷
	反舰	4枚"飞鱼"反舰导弹
舰载机		2架"大山猫"反潜直升机等

"大刀"级护卫舰在1979—1990年间，共建成3级14艘。该舰第一批共建4艘，是在马岛战争之前建造的。

第二批舰共6艘，建造于马岛战争之后，吸取英舰被空袭击沉的教训，增设了114毫米速射舰炮，并改进了动力系统，满载排水量增至4800吨，创下世界导弹护卫舰吨位的新纪录。该级舰舰体加长至143.6米，舰员增为273名，改载2架"海王"反潜直升机，并用"鱼叉"取代"飞鱼"反舰导弹，攻击能力有所增强。

第三批是第二批舰的较小改进型，主要是更换了部分电子设备，增加了指挥舰功能，排水量增加得不多，只增加了100吨，共建成4艘。

由于本级舰生产时间跨度大，首舰动工于1974年，末舰完工于1985年，相隔10余年，因此虽然三级舰的舰体基本设计以及动力系统都差不多，但每个批次都会有一定的变化和改进。

2. 实战表现

在1982年的马岛战争中，英国海军共出动了46艘战舰，其中护卫舰19艘，占40%以上。"大刀"级护卫舰的前三艘在这19艘护卫舰之列参与了马岛战争，像守护神一样保护着英国的航母编队和整个舰队。

战斗中，"大刀"级护卫舰曾发射"海浪"式导弹击落了两枚来自阿根廷空军向航母发射的"飞鱼"导弹，有效地保护了航母，也保护了航母上的舰载战斗机，使得在最后的反击中，英国的舰载战斗机有效地截击了来袭的阿军战斗机，确保了战斗的胜利。在对马岛阿根廷港进行岸袭作战时，英国海军的"亚尔茅斯"号与两艘22型"大刀"号和"光辉"号反潜护卫舰，担负反潜搜索任务，并多次投掷深水炸弹。"大刀"级的"光辉"号与阿根廷海军的一艘潜艇声呐接触，并对其发动了攻击，虽没有命中该潜艇，但也争取了主动，驱离了敌艇。

第六章

海上硝烟——护卫舰的战绩

Chap.6

当今世界，海上航线异常繁忙，海洋权益纷争不断，各地冲突风起云涌，个别霸权国家到处耀武扬威，战争危险几乎无处不在。因此，无论是近海防卫还是深海抗争，护卫舰都越来越被重视。

本章精选了不同时期的护卫舰作战案例，一睹其海上风采。

1941 年 12 月 7 日，日本成功地偷袭了美国夏威夷的海军基地珍珠港，导致太平洋战争爆发，美国对日本正式宣战。以海军大将山本五十六为代表的日本高级将领们觉得，偷袭珍珠港的胜利必然会引起美国的报复，而依日本的实力，根本不可能同时打赢远东以及与美国的战争。因此，他们计划要将美国残存的海上军事实力诱骗至中途岛予以歼灭，以求一劳永逸地解决美国。

中途岛位于亚洲和北美之间的日本横滨和美国旧金山中间，故名中途岛。它与横滨和旧金山均相距 2800 海里，距珍珠港 1135 海里，是美国在中太平洋地区的重要军事基地和交通枢纽，也是美军在夏威夷及本土的重要门户和前哨阵地。一旦失守，美太平洋舰队的大本营珍珠港也将遭受灭顶之灾。

中途岛海战是二战中一场非常重要的战役，美国海军战胜了不可一世的日军。该战于 1942 年 6 月 4 日展开，经过两天的激战，美国海军成功地击退了日本海军对中途岛环礁的攻击，掌握了太平洋战区的主动权，因此可以说中途岛战役是太平洋战争的重要转折点。

痛击潜狼，盟军护航大西洋

第二次世界大战爆发后，德国海军沿用其在第一次世界大战中的战法，在大西洋上对往返于英国的盟军运输船队实施了潜艇战。从 1940 年夏末到秋季，德国潜艇击沉英国舰船的数字不断上升，到 10 月底德国每月击沉的货船总吨位高达 35.2 万吨。

面对严峻的现实及其不难预见的灾难性后果，英国首相丘吉尔（曾任英国海军大臣）在请求美国提供水面护航舰艇护航的同时，立即着手安排在短时间内大量建造小型护卫舰，并且建造运输船队专用护卫舰。不久，英国皇家海军即拥有了数百艘小型护卫舰，用于担任大西洋运输船队的海上护卫任务。

尽管有护卫舰在为运输船队护航，但是德国海军的潜艇仍然活动猖獗，大量击毁盟国的大西洋运输船队，对盟军构成战略性的致命威胁，海上作战形势严酷。于是，美国于1941年将巨型商船改建成专门用于运输船队的护航航空母舰，减轻了德军潜艇对盟军的威胁。

同时，英国、美国和加拿大等盟国迫于德国潜艇的威胁，也认识到必须加强护卫舰的续航力、航速和武器装备，尤其是反潜及防空武器。因此，盟国海军立即开始建造具有各自不同设计体系的护卫舰。该类舰的排水量大多在1500吨，航速为18～20节，具有更佳的性能。英国仅用三年时间就建成了1800多艘这样的护卫舰，其中有一部分舰只，无论是吨位还是战力都接近护航驱逐舰。

盟国海军为数甚多的护卫舰和美国护航航空母舰一同航行在大西洋运

➤ 被击沉的英国舰船

▶ 第二次世界大战中盟军的运输船队

输船队的左右，很快就使大西洋的海上局势获得显著的改观。

1943 年 4 月的一天，盟国的一个运输船队由英国启航准备驶往美国，船队共有 40 多艘商船。德国海军截获这一情报后，立即出动 50 多艘潜艇，要在大西洋上再演一幕"恶狼吃绵羊"的闹剧。但是经过为期 10 天的海上角逐，德国潜艇遇到了盟国以护卫舰为骨干兵力的护航舰队，双方激战达 30 多次，德国共损失 6 艘潜艇，而盟国护卫舰无一沉没。

同年 6 月，盟国 GS7 运输船队在 5 艘护卫舰及 1 艘护航航空母舰的护卫下出航大西洋，德国海军又出动 30 多艘潜艇前往拦截，结果有 15 艘潜艇被盟国护卫舰击沉，其他潜艇落荒而逃。

大西洋海上交通线，对第二次世界大战中的盟国具有生死攸关的战略意义。以护卫舰、护航航空母舰及驱逐舰为主干兵力的盟军海上护航体制，在德国潜艇的"海上狼群"下仍保住了这条海上生命线，从而为盟军在 1945 年取得大战的彻底胜利奠定了坚实的基础。

这也是年轻舰种——护卫舰在第二次世界大战中最为光辉的表现。

> 编队航行的美国"佩里"级护卫舰

高调护航，"佩里"游弋波斯湾

　　波斯湾位于阿拉伯海西北的中东地区，伊朗和伊拉克都是沿岸的主要国家。由于历史、宗教、边境以及石油等多方因素，两国纷争不断。1979年，伊朗在霍梅尼的领导下，发生了伊斯兰革命，推翻国王，建立了宗教共和制国家，国内局势动荡。而伊拉克因萨达姆上台而政局稳定。为了称雄中东，争霸海湾，获得更大的石油经济利益，伊拉克于1980年9月22日向伊朗发动了突然袭击，即第一次波斯湾战争，也叫两伊战争。

　　战争持续了8年之久，大致可分为四个阶段：第一阶段是伊拉克突袭伊朗；第二阶段是伊朗反击伊拉克；第三阶段是双方僵持；第四阶段是拉锯战，国际调停。第三阶段持续时间最长，也是战争损耗最大的阶段。在这期间，双方进行了所谓袭船战、袭城战、袭油田战等旨在破坏对方后勤设施的手段，双方均损失巨大，而且愈演愈烈，直到国际社会不得不干预。

1.伊拉克发动袭船战

1980 年 9 月 22 日晨，伊拉克闪电空袭进攻伊朗，并且大举深入伊朗境内，遭到多方抗击，伊朗于 1982 年 3 月全面开始反攻，于 7 月反攻到伊拉克境内，直到 1984 年 3 月，双方陷入僵持状态。

于是伊拉克开始袭击进出波斯湾的伊朗船只和油轮,破坏伊朗的经济。1984 年 3 月 1 日,伊拉克的导弹袭击了 4 艘伊朗民船,次日,伊朗开始报复。后来双方都变本加厉地对民船进行袭击,最后发展到袭击港口的油轮、码头和输油设备等,仅 1987 年一年间被袭击的船只和油轮就有近 180 艘,达到年袭船数的最高峰。从 1986 年 9 月开始,伊朗军队还经常出动武装快艇,使用机枪、火炮、火箭筒对过往民船开火,布置水雷,残杀船员,制造紧张气氛。双方的攻击不仅针对对方,甚至连与对方相关的他国船只也受到攻击。

2.事态扩大，美国参与护航

波斯湾是世界上最繁忙的石油热线,关乎世界石油安全,对于发生在该地区的战事,美、苏等大国纷纷施加政治影响,呼吁停战。沙特还牵头组建了"半岛防御部队",1984 年 6 月 5 日,5 架沙特战斗机在美国预警机的指挥下,击落 1 架伊朗战斗机,伊朗后来多次报复袭击美国船只。从 1987 年开始美国为科威特护航,并组建了一支中东联合特混舰队,包括航空母舰、巡洋舰、驱逐舰、护卫舰和核潜艇共 50 艘和 150 架飞机,护卫舰中就有多艘"佩里"级护卫舰。

3."佩里"级"斯塔克"号事件

1987 年 5 月 17 日夜里,"佩里"级护卫舰"斯塔克"号独自在波斯湾巡逻。晚 9 时,一架幻影 F-1 战斗机从伊拉克位于克巴斯拉的空军基地起飞,美军 E-3 预警机与"斯塔克"号护卫舰的雷达都发现了这架飞机。美军认为这只是伊拉克空军的例行巡逻,这架战机随后朝着"斯塔克"号飞去,对于"斯塔克"号的询问也未回应。当时的伊拉克与美国并不是敌对国,美军预警机和护卫舰都没有在意这架幻影战斗机。谁知该机突然对"斯塔克"号发射了两枚"飞鱼"反舰导弹,事后即刻返航了。而"斯塔克"号与 E-3 预警机都未防备,也没发现掠海飞行而来的"飞鱼"导弹。

虽然"斯塔克"号的电子支援系统在该机发射导弹前截获了幻影 F-1 战斗机的雷达信号，但因舰上人员的疏忽，始终不相信伊拉克军机会开火，所以并没有启动舰上的电子对抗措施。直到瞭望员发现了掠海而来的导弹后，才急忙通知"斯塔克"号采取规避措施，加速、转向，试图以舰尾的密集阵迎击，但为时已晚。

第一枚导弹穿入"斯塔克"号左舷，虽然没有引爆，但却造成了火灾；第二枚导弹命中舰桥附近，造成一个 3 m×4 m 的大洞，在士兵住舱引爆，造成 37 人死亡。"斯塔克"号左舷进水倾斜，上层铝合金结构剧烈燃烧并熔化变形。

数个舱室被破坏，好在"佩里"级护卫舰有较强的损管措施，使得主机仍在正常运作，舰体没有发生倾斜或下沉。

"斯塔克"号通过自救控制住灾情，前往巴林水域，经过紧急整修之后自力返回美国佛罗里达母港。在进行修复时，修理厂采用了一种新型耐火绝热材料，更换了上层结构中易燃易熔的铝合金，修复并加强了受损部位。

4. 继续发展，美国直接参战

由于美国对伊拉克的纵容，伊朗认定美国偏袒伊拉克。美国的强大让伊朗不敢正面对抗，于是就偷偷布雷。1987 年 9 月中下旬，美军发现伊朗海军布雷的铁证并向世界公开，10 月以后，美军用大型武装船只改造成多座浮岛，岛上配置各种武装和直升机，并部署至海上航线。浮岛所属直升机发现并击毁过多艘伊朗舰艇和小型船只。

5. "罗伯茨"号导弹护卫舰

1988 年 4 月 14 日，"佩里"级护卫舰"罗伯茨"号护航时，发现了伊朗布放的水雷阵，排雷作业中误触水雷引起爆炸，致使舰体炸出一个大洞，两具燃气涡轮飞离基座撞上舱顶，船舰动力丧失，龙骨损害，舰上10 人受伤。经过 7 小时的灭火与堵漏之后，才控制住了灾情。6 月 27 日，美军用半潜举升船将"罗伯茨"号送回美国本土进行维修。

"罗伯茨"号护卫舰之所以没有沉没也是得益于其良好的损管自救系统。

6. "祈祷的螳螂"中的护卫舰大战

"罗伯茨"号事件激怒了美国高层，决定报复伊朗，打击其袭船基地，这一行动代号为"祈祷的螳螂"。1988年4月18日凌晨，美军中东特混舰队出动6艘舰艇，分为两个战斗群打击伊朗的采油平台，由"温赖特"号巡洋舰与2艘"佩里"级护卫舰组成的第一水面战斗群，打击伊朗"锡里"号石油钻井平台；另外三艘舰只组成第二水面战斗群，打击"萨珊"号钻井平台。这两个平台不仅采油能力强，达伊朗原油产量的7.5%，而且还受命负责监控航道，是伊朗舰船布雷的引导者和指挥者，同时还骚扰或袭击过往船只，因此美军决定将其摧毁。

19日上午9时，第二水面战斗群抵近"萨珊"号平台，美军用无线电向平台呼叫，要求平台上的伊朗人撤离，起先伊朗方面拒不回应。16分钟后，美舰开火，伊朗平台也用高射炮还击，但伊朗很快就败下阵来，只好要求停火。在美军监视下，平台上的人搭乘小艇离开。随后美军用炸药将平台引爆。

中午时分，3艘伊朗巡逻艇企图偷袭美军舰队，被美国直升机发现，伊朗军队发射便携式导弹将直升机击落。12时46分，伊朗海军的一艘护卫舰重创了一艘悬挂美国国旗的后勤支援船。

13时许，伊朗一艘导弹艇通过岸基雷达的引导，以35节的高速向美军第一战斗群逼近，并率先向美舰发射了1枚美制"鱼叉"反舰导弹，被美舰高速机动规避。此时，同编队的美国"佩里"级"辛普森"号护卫舰直接发射SM-1防空导弹。伊朗导弹艇被命中5枚SM-1导弹后沉没，15名伊朗水兵丧生。

14时26分，伊朗2架直升机和3艘巡逻艇攻击了巴拿马籍石油钻井平台。美军"企业"号航母上紧急起飞4架舰载攻击机飞抵钻井平台上空。伊朗直升机见机逃走。美舰载攻击机将伊朗领头的巡逻艇炸沉，后面的2艘立即逃走。

16时，伊朗小型护卫舰"萨汉德"号参战。

"萨汉德"号先发射了1枚"鱼叉"反舰导弹，无果。16时34分，美舰载攻击机发射激光制导炸弹重创"萨汉德"号。16时43分，美导弹驱逐舰向"萨汉德"号再发射1枚"鱼叉"反舰导弹，"萨汉德"号又被命中。17 时 06 分，"萨汉德"号舰长卡萨尔下令弃舰。当晚 21 时 11 分沉没。伊朗海军试图做最后的挣扎，命令一艘隐蔽的护卫舰出击，结果遭到美舰载攻击机的炸弹攻击，指挥官当场身亡，舰体受重创，由于美国主动停火，该护卫舰才没有沉没。

报复伊朗的"祈祷的螳螂"计划到此结束，此后，袭船战基本停止了。

第七章

世界各国新型护卫舰

Chap.7

护卫舰在现代海战中的表现让各国海军对其应对未来战争的作用寄予厚望。由于多方原因，巡洋舰几乎被大多数国家所淘汰，即便是为航母护卫，也改由驱逐舰和大型护卫舰执行。所以，不少国家都在努力研发新型护卫舰。本章就此做专门介绍。

马尔维纳斯群岛战争（简称马岛战争），是1982年4月到6月间，英国皇家海军和阿根廷海军为了争夺马岛主权而爆发的一场二战之后最为现代化的立体海战。

20世纪80年代初，阿根廷政府面临严重的国内危机，为了转移国内矛盾，1982年3月，阿根廷当局出钱雇佣一群阿国内的废五金商人强行登陆有争议的马岛，企图造成既定事实而收复马岛主权，从而获得执政加分，阿根廷曾一度成功地登陆和占领了马岛。

英国通过了一系列的外交和战争准备后，于1982年4月7日开始封锁马岛周围200海里，4月26日英军占领南乔治亚岛，从5月1日起英军空袭马岛，6月14日英军夺回马岛，6月15日战争结束。

概念超前的美制LCS濒海战斗舰

冷战时期，美苏海军的对抗主要集中在深海远洋，1991年苏联解体后，美国海军的作战对象及作战环境发生了变化。美国海军不断调整军事战略，逐步认识到"当今的战场在濒海，在海陆交界处"，先后提出了"前沿存在""由海向陆"等战略思想。2002年，又提出了"海上基地、海上盾牌和海上打击"的近海战略概念，这标志着美国海军从冷战时期的远洋到反恐时期的近海的战略转移。同时，美国海军也认为，虽然现有的大型舰只也具备了在濒海作战的能力，但是将这些昂贵的大型战舰用于濒海反介入而放弃其主要战斗使命是得不偿失的举动。

为了适应美国海军这一战略转移，他们计划在2035年以前进一步地压缩大型战舰的规模，而将发展的重点转向以濒海战斗舰为主。因此美制LCS濒海战斗舰从2008年开始陆续服役，到2018年8月底，就服役了18艘。这些战斗舰在外形设计上主要参考了瑞典的"维斯比"轻型隐身护卫舰、挪威的"盾牌星座"气垫双体快速导弹巡逻艇和英国的"海神"号三体型

> 美国 LCS-2 护卫舰

试验船等三种截然不同、颇具代表性的船体结构，而且具有高度隐身化、高航速（最高航速 50 节）、适航性强、转换便捷的模块化任务包。美国海军希望 LCS 能替代所有原有的护卫舰、扫雷舰、反潜舰以及巡逻艇，利用模块化任务包进行"百变造型"，使之既能担任灵活的近海穿插任务，又能担任侦察、袭扰以及夺取近海控制权的任务，还能担任航母编队的先锋。

美国濒海战斗舰 LCS 首批 26 艘，分为 2 个级别，即"自由"级和"独立"级，第一艘濒海战斗舰 LCS-1 叫"自由"号，所以后面的 LCS 单号即为"自由"级；第二艘濒海战斗舰 LCS-2 叫"独立"号，所以后面的 LCS 双号称为"独立"级。

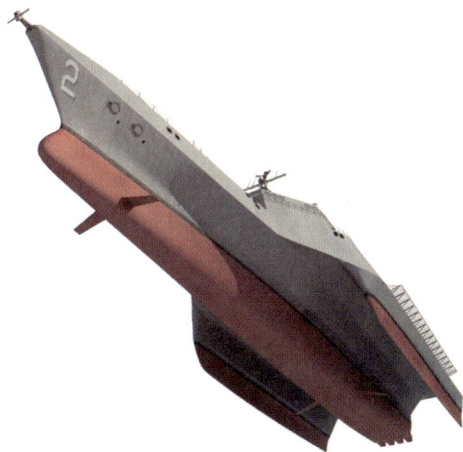

> 美国 LCS-2 护卫舰底部

从第三艘开始以美国得克萨斯州中等城市沃斯堡命名开始，后面的濒海战斗舰都以美国的城市或地名来命名。

出于美国濒海战斗舰 LCS 的设计初衷，前面的几艘"自由"级只可以携带一种任务包，要么是水面战任务包，要么是反潜战任务包或反水雷战任务包。而"独立"级的容量较"自由"级大，可以同时配置两个任务包。也就是说在同等的建造成本之下，"独立"级较"自由"级的功效提升了一倍。

LCS 突破了传统设计，无论是作战系统、指挥系统还是舰载传感器等，都采用了最新的模块模式，它可以根据不同的任务需要进行"任务模块"灵活组装，来完成反潜、水雷战和反水面战这三种主要任务的更替，改变了过去护卫舰固定功能模式的设计，并且在反潜、反水雷和反水面作战的技术性能和战术性能方面均有质的提升，极大地提升了舰只的使用效率和经济性。

濒海战斗舰的智能化程度也很高，在作战指挥系统的控制下，它能对各种威胁作出反应，比如能攻击或躲避水面舰艇，特别是高速密集的小艇，还能切断潜艇接近的途径、适时地避开水雷，并从容地进行反水雷。此外，LCS 还具有良好的雷达探测规避能力和通信指挥能力，它可以悄悄接近敌海岸线而不被发现，方便协助特种部队或登陆部队执行秘密任务。LCS 不仅可以用于传统的作战模式，还具备侦查、间谍等对付敌方"非对称作战"的能力，可以说在设计理念上是超前的。

美国海军是美国称霸世界的基础，维持着世界上最庞大的舰队，近年来"独立"号成为美国海军的一种主要舰型，美国海军原计划建造 55 艘濒海战斗舰，首批 26 艘已经基本服役或落实，美国国防部五角大楼的官员认为，美国海军在远洋海域的力量很强大，但是在近海领域还存在着一定空白，濒海战斗舰吃水浅、速度快，正好能填补这一空白，因此濒海战斗舰在美国海军舰队中占据较大的比例。

在近年来的实际使用中，LCS 并没有完全达到美国海军的期望。作为护卫舰吧，其火力不足，因甲板面积和内部空间小，较常规护卫舰武配能力偏低，难以同时兼顾进攻和防守；作为扫雷吧，每次更换模块需要几天时间，太不适应战场需要了，也不能体现出模块化的优势；作为巡逻艇吧，其排水量又过大，经济性太差；作为兵力投送吧，虽

➤ 美国 LCS-2 护卫舰正面图

然速度快，但是因为空间小，投送能力太低。LCS 还不具备编队防空的能力。

由此可以看出，LCS 确难以一当十。从 2017 年开始，美国海军又回归到了传统海战即制海权的争夺概念上，再次提出了建造专业护卫舰的要求，这也进一步证明了护卫舰的不可替代和重要性。

因此，美国海军的 FFG-X 护卫舰招标计划被提出。该计划对护卫舰提出了更新、更高的要求，无论是近海还是远洋都必须具备隐身、多用途、编队防空、独立作战、多任务扩展等诸多方面的能力，能胜任防空、反潜、反舰、护舰、无人机指挥等多重任务。

FFG-X 护卫舰设计方案主要思路是，以西班牙的"巴赞"级护卫舰和欧洲多任务护卫舰 FRAMM 为基础，达到"巴赞"使用"宙斯盾"的火力和自动化程度；再在武器方面进行强化，拆除原来笨重、火力不强的部分，增设一些轻便、火力强的装备，这样使满载排水量从原来的最高 6000 吨降至 5000 吨；另外 FFG-X 护卫舰的舰桥比"巴赞"级护卫

➤ 美国 LCS-2 护卫舰侧后面

舰更为低矮。

FFG-X 护卫舰将着重强化推进系统、武器配置以及其他关键部分的改进，载人能力从原来的不到 100 人增加到 200 人，航速倒是不一定要有 LCS 那么快，只需不低于 28 节的速度，能跟得上即可。美国海军打算至少建造 20 艘，每艘的造价约 9.5 亿美元。

无论是 LCS 濒海战斗舰，还是未来的 FFG-X 护卫舰，都显示出美国海军对护卫舰概念的特色认知，虽然由于多方原因，LCS 未能达到预期效果，但是 LCS 也不失为一款较先进的舰只。

崇尚火力的俄制22350型护卫舰

冷战结束后苏联从一个强大的超级大国被分解成十多个国家，俄罗斯承接了苏联的大部分资产和势力，由于以美国为首的西方各国的抵制和封锁，俄罗斯无论是在政治上还是经济上都受到较大冲击。

随着俄罗斯经济的慢慢恢复，俄海军对舰艇的要求也不断提高。22350 型护卫舰是俄罗斯在苏联解体后的第一款主战水面舰艇，是中型防空导弹护卫舰。但是受经济窘迫的影响，"22350" 项目断断续续，从 2003 年开工，到 2018 年 7 月 26 日，22350 型 "戈尔舍科夫海军上将" 号

➢ 俄罗斯 22350 型护卫舰

护卫舰才正式通过了国家验收，也就是说 15 年间，俄罗斯的"22350"项目只服役了一艘护卫舰。

2018 年 5 月 4 日，美国宣布将解散了 7 年的第二舰队重新复活，用来服务美国东部海岸和大西洋防务，其针对俄罗斯的意图明显。为了应对美国的挑战，俄罗斯在护卫舰严重不足的情况下，不得不加快了 22350 型护卫舰的建造速度，计划 2035 年之前建造 45 艘。

22350 型护卫舰是一款以区域防空为主的全隐身多功能护卫舰，设计新颖，火力超强，功能齐全，既可以作为舰队和航母的"带刀护卫"，又可以独立执行远洋作战任务，还具备核打击的能力，无论是火力还是船电设施均达到了大型驱逐舰，甚至达到了巡洋舰的水准。美国最先进的就是空中打击，即以先进的战略轰炸机携带核武器或重型武器，只有解除了空中威胁，地面才是安全的。故而 22350 型护卫舰的主要任务就是解除舰队的空中威胁。

22350 型护卫舰是一种长艏楼型船，该舰采用的是单烟囱隐身设计，舰体简洁新颖，无论是上舷外飘、上层建筑立板内倾，还是多面体、甲板全封闭、金字塔形的封闭式桅杆等，都是为了达到全隐身的效果，为了降低舰只的红外和噪声信号特征。

22350 型护卫舰在封闭式主桅杆上部整合了四面俄罗斯最新开发的多功能防空相控阵雷达天线，可以同时追踪多达 400 个的空中目标和 50 个水面目标。还采用了平板状三维阵列天线旋转式雷达的固定式相控阵雷达，具备超地平线侦测能力的主/被动反舰追踪与火控雷达，以及俄罗斯整合光电/雷达火控系统和黎明-3整合声呐系统，这些先进的雷达无疑给了22350型护卫舰火眼金睛般的超强探测和跟踪能力。

22350型护卫舰火力配置是以区域防空为主的多功能设计，单舰作战能力超强，具有强大的对空、对海和反潜攻击能力。同时也注重了编队综合作战性能的整体提高。

全球战斗舰：英国26型护卫舰

2017年7月20日，英国新一代26型护卫舰首舰"格拉斯哥"号在BAE系统公司的高文造船厂正式开工，这是英国从20世纪90年代中期开始启动FSC（未来水面作战舰艇计划）以来第一次付诸实施。26型护卫舰船体是以现役对地攻击驱逐舰为基础，沿用驱逐舰的船体并予以拉长，这样的改进加大了飞行甲板与机库的空间，有利于增加直升机的效果。

26型护卫舰号称"全球战斗舰"，作为一种二线水面舰只，它虽然没有像其他传统驱逐舰一样安装固定相控阵列雷达和远程防空导弹，但是其整体战斗力远远高于同属二线的任何护卫舰，仅"战斧"巡航导弹对陆打击能力就非常厉害。

26型护卫舰的满载排水量达到了8000吨，可以说是护卫舰中的大哥大，船体大有利于各种设备的安装和舰员生活条件的改善。这也可能是未来护卫舰的一个发展趋势。

该舰主要承担舰队反潜战和中近程防空任务，作为护卫舰能极大地提升航母群的战斗力。26型护卫舰是英国重塑皇家海军辉煌的一个创举，以"全球部署、全球存在，可以打赢一场中等规模海战的实力"来设计。该舰原计划建造13艘，因造价和成本的变化，单舰就涨到了16亿美元。所以英国皇家海军现已将此舰的计划减至8艘，估计最终还会削减。

26型护卫舰，作为一级全球战斗舰，以反潜、近防为主，虽然反舰

> 英国 26 型护卫舰

能力较弱，但是由于该舰具有四个最基本的设计和建造原则，即多功能性、任务弹性、成本的可负担性以及进军国际市场的可出口性，所以 26 型护卫舰是未来最强的护卫舰之一。其超大的几乎等同于驱逐舰的排水量，可以装配各种需要的重武器，超大稳定的船体也利于稳定发射打击力强大的多功能"战斧"式巡航导弹。

欧洲多任务护卫舰FREMM

欧洲多任务护卫舰 FREMM 是由法国和意大利联合研制的一款多功能护卫舰，主要分为反潜型和通用型。两国平摊研制费用，其他费用按照各自订购舰只的比例分摊，最初，法国预定 17 艘，后来因为国内调整预算，改为 11 艘，意大利订购 10 艘。两国各自在本国生产自己的 FREMM 护卫舰，法国由阿姆里斯公司建造，意大利由芬坎蒂尼公司建造。

法意两国的 FREMM 护卫舰用途不尽相同，法国的 11 艘中，有 9 艘用作反潜型，2 艘则为防空型；在意大利的 10 艘中，4 艘为反潜型，6 艘为通用型。法国的首舰"阿基坦"号于 2010 年交付，分三批于 2021 年全部交付；意大利首舰"贝尔加米尼"号于 2011 年交付，预计 2022 年全部交付。

欧洲多任务护卫舰 FREMM 可以说是世界新型护卫舰建造计划的代表

作之一，主要体现在舰上大量应用"拉斐特"级隐身护卫舰与"地平线"级驱逐舰的成功开发经验，舰上所有装备都选用最佳现成品，舰体采用模块化建造，全舰有 6 个上层结构模块、舰体模块有 10 个、桅杆模块 2 个，还有 1 个烟囱模块，一共由 19 个模块构成。可以通过模块化的方式进行多功能的组合。

法国的 FREMM 护卫舰的设计特别注重隐身能力，其中又以首舰"阿基坦"级护卫舰的隐身外形较为前卫，上层结构与桅杆采用倾斜设计，避免直角，接触面做圆角处理，桅杆为金字塔状，舰面简洁。各项甲板装备尽量隐藏于舰体内，封闭式的上层结构与船舷融为一体，舰体外部涂有雷达吸收涂料。而意大利的首舰"贝尔加米尼"级外形则比较接近法意联合舰"地平线"级护卫舰，雷达隐身效果良好，全舰整体雷达截面积与一个电子对抗金属诱饵相当。采用双桅杆设计，一个将所有雷达与电子战天线整合其中，另一个则用来装置主要对空相控阵雷达。

FREMM 护卫舰拥有先进且高度整合的船舰管理系统，自动化程度极高，舰上人员编制大幅减少，人员居住水平也进一步提高。法国"阿基坦"级护卫舰只编制 108 名，而意大利首舰人员编制为 123 名；意大利"贝尔加米尼"级护卫舰的舰首比法国"阿基坦"级护卫舰高一层甲板，既节省出更多空间用来存放弹药，又使抗浪性增加，更为有利的是可以将锚机搬离到与舰首声呐更远的位置，从而降低干扰。

FREMM 护卫舰的损管设计也很特别，为高生存性。全舰采用钢材

➤ 意大利"地平线"级护卫舰

➤ 意大利"地平线"级护卫舰

和气密堡垒构型制造，能抵抗核爆震与外部污染，假设被两枚"鱼叉"等级的中型反舰导弹击中，还可保留 70% 的战斗能力，并且有 90% 的概率能保证不沉。对于重点舱室，如作战指挥舱室和动力轮机舱房等，都设置有加强钢板装甲，舱壁中间是中空结构，水线以下分隔成 11 个水密隔舱，推进与发电系统分置在 3 个各自独立的机舱，而前机舱与前部辅助机械舱之间还隔有两个水密舱，这样的设计可降低被一波攻击就全部瘫痪的风险。

FREMM 护卫舰选择了柴—电—燃联合动力推进系统，法国"阿基坦"级护卫舰的配置精简，推进器采用固定距螺旋桨。意大利"贝尔加米尼"级护卫舰则航行操作性能极佳，拥有五叶片可变距螺旋桨。在全速状态下能在约 420 米内急停，420 米也就只有三个舰体长的距离。"贝尔加米尼"级护卫舰的推进用电动机具有电能产生模式，在运转时储存电能，并在加速等情况下使用，因此具有更好的运动性。

主动力包括 1 台改良后的 LM-2500+G4 燃气轮机，功率提高了 17%，达到 43000 马力，以及 4 部功率各 2816 马力的柴油发电机。高速航行时，由燃气轮机直接驱动螺旋桨；中/低速作业时，由柴油发电机来驱动主电动推进器，从而带动螺旋桨，以获得较佳的静音效果，且节约燃油。

FREMM 护卫舰还配备一套可转向的伸缩式辅助电动推进系统，设置在舰体前部。该系统由柴油发电机驱动，当船舰丧失主推进能力时，可以依靠这套辅助推进系统以 6 ～ 7 节的低速返航。FREMM 的最大航速为 27 ～ 28 节，柴油电动推进模式下则可达 15 ～ 16 节，能持续在海上操作值勤 45 天。

防空雷达采用的是多功能相控阵雷达，采用单面旋转阵列天线，对空最大侦测距离大约 250 千米，最大平面侦测距离约 80 千米，可同时追踪 500 个以上的目标。法国的相控阵雷达是一种轻量化的被动相控阵雷达。所有 FREMM 均配备主 / 被动低频舰首声呐，具备对应深海与浅海操作的不同模式，还兼具鱼雷 / 水雷侦测与示警功能。此外，反潜型 FREMM 还会加装 UMS-4249 主 / 被动低频拖曳阵列声呐与 SLAT 鱼雷对抗系统。

防空方面，使用法制垂直发射系统，在舰首 B 炮位的空间可容纳 4 组八联装"席尔瓦"垂直发射系统，法国版配备的是 2 组"席尔瓦"A-43 与 2 组"席尔瓦"A-70 八联装发射系统，其中 A-43 装填短程防空导弹以供自卫，而 A-70 则用于装填对陆攻击巡航导弹。

反舰方面，意大利版 FREMM 装置有 4 组双联装导弹发射系统，装填意大利 MK-2 反舰导弹，而反潜型则另配意大利自研反潜导弹 4 枚。而法国版 FREMM 则配备 2 组四联装"飞鱼"反舰导弹发射系统。

反潜方面，意大利的反潜型和通用型两种以及法国反潜型 FREMM，都配备有 2 组三联可再装填的 324 毫米鱼雷发射系统，而法国防空型 FREMM 则配备的是 2 具双联装不能再装填 324 毫米鱼雷发射系统。

舰载直升机方面，法国只设置 1 个机库，配备 1 架 10 吨级 NH-90 中型反潜直升机；而意大利则拥有 2 个机库，配备 2 架直升机，要么直接配 2 架 NH-90，有的则配置 1 架 NH-90 和 1 架 15 吨级 EH-101 重型直升机。因此意大利版欧洲多任务护卫舰的飞行甲板强度大，反潜作战能力也更强。

从上述介绍可以看出，这款法意联合的多功能护卫舰，可以说是一款真正意义上的多功能舰，隐身效果好、排水量大、功能齐全、火力强大，都具备区域防空的能力，既可以配合舰队执行联合任务，也可以单独担任各类复杂的作战任务。

未雨绸缪：德国F-125型护卫舰

未来水面战可能会具有远程、立体、机动等特点，要打赢未来水面战，必须为舰队配置续航力强、火力猛、功能全、速度快、自动化程度高的未来护卫舰，德国的 F-125 型护卫舰就是以此为目的设计的。

德文"未来护卫舰"的缩写是 FDZ，早在 1999 年德国刚开始建造 F-124 型"萨克森"级护卫舰首舰时，就有人透露，多家参与"萨克森"级开发的德国厂商，联手研制一级 F-124 的后续型护卫舰 F-125。该级舰必须是全新概念、功能齐全，也就是后来人们所称的 FDZ2020 项目。

客观一点说，F-124 型"萨克森"级护卫舰只是对"勃兰登堡"级护卫舰的改进，主要加装了相控阵雷达，提高了防空能力而已，德国海军怀疑它能否胜任未来作战任务。所以，FDZ2020 项目研究报告在 2000 年末提交给德国国防部，F-125 型护卫舰就是以此为基础研发的，于 2017 年服役，单舰造价达 8.85 亿美元。

作为德国的未来护卫舰，执行的任务是多重而复杂的，如防空、反舰、反潜、反恐、火力支援、支持多国联合行动等，需具备网络中心战能力和对陆火力支援能力。它不是 F-122、F-123、F-124 的改进型，而是一种全新的设计，在未来若干年都能应对海上威胁并满足环境需求的多用途导弹护卫舰。

F-125 型护卫舰的动力装置和推进系统非常新颖。动力是柴—电—燃联合装置，可以提供分散式供电模式。主机是 1 台输出功率为 26666 马力的燃气轮机，辅机为 4 台柴油机组成发电机组驱动 2 部电动机，柴油机每

▶ 德国 F-125 型护卫舰

台输出功率为 3900 马力。巡航时由两台电动机驱动两组螺旋桨，速度可达 20 节；高速航行时，燃气轮机动力通过减速箱与电动机并联，一起带动螺旋桨，航速超过 26 节；停舰时由发电机组提供电力；除主机之外，该舰还有一套辅助的混合电力源，即西门子公司生产的燃料电池。其最大特点是供电过程中系统无燃烧，能量转换效率高。燃料电池可与主机使用相同的燃料，这样的话噪声低、可靠性强且维修便利。

推进方式是喷水推进和变距螺旋桨吊舱相结合。主轴转动方向不变，也可以进行紧急减速或倒车，大大地提高了舰只的机动性。舰艇还有一个倒推装置，在狭窄海域、进港和离港等特殊状态下舰艇都能机动灵活。发电机和电动机连续工作 25000 小时无须大修，使用周期长，能满足舰艇执行远航和长期部署的需求。

作为德国海军未来 F-125 型护卫舰的概念设计舰，FDZ2020 计划是最值得关注的水面战舰发展计划之一。FDZ2020 计划顺利地从构想走向船

➤ 德国 F-125 型护卫舰

➤ 德国 F-125 型护卫舰

台，使德国海军主力战舰在全电力推进、隐身技术、集成天线技术以及新一代信息战系统技术等诸多领域走在世界的前列，在一定程度上打破了美国"一家独大"的局面。

另一方面，与美国的 DD（X）计划强调对陆攻击性能不同，F-125 型护卫舰强调的还是确保区域防空的多用途性。目前得到的有关 F-125 型护卫舰的单舰信息只是从公开的 FDZ2020 计划中获得。德国海军原定采购 8 艘 F-125 型护卫舰，可能最终会因为预算原因降为 4 艘。新的护卫舰将帮助德国军队实现快速部署的目标，护卫舰始终是德国稳定部队的一部分，必将为德国的军事防御与合作作出贡献。

基于成本方面的原因，今后 F-125 型护卫舰的建造会选用一些商用现货的产品。因此，德国考虑与荷兰等北约相关国家联合开发该级舰。此外德国希望 F-125 型护卫舰的 1、2、3、4 号舰均以德国的城市命名，首舰"符腾堡"号 2014 年下水，其他舰尚在建造之中，建造中可能会改变一些初始的设计，因此，今后人们从别的地方看到的有关 F-125 型护卫舰的信息资料，也有可能与本书内容不尽相同。

无论怎样，F-125 型护卫舰都将是 21 世纪最为先进的一级多功能导弹护卫舰。

第八章 前路可期……未来护卫舰发展展望

Chap.8

作为航空母舰、特混舰队、登陆作战编队或运输船队组成部分的护卫舰，通常情况下，主要担负防空、对海和反潜中的一个方面或多方面的战斗任务。随着护卫舰的排水量越来越大，武器配置越来越全，自动化程度越来越高，护卫舰也打破传统的属性，逐渐由近海走向了远洋，由与舰队的联合作战变成了可能的单舰作战，在现实中担任的任务也越来越多，各国对护卫舰的期望值也越来越大。本章对此做具体展望。

　　亚丁湾位于印度洋西北角，是南亚与非洲的分水岭，历来就是战火不断、海盗猖獗之地。尤其是 20 世纪末到 21 世纪初，海盗活动更加猖狂，严重危及过往商船。2008 年 12 月中旬，我国的振华 4 号商船就受到了海盗的疯狂袭击，好在船员全力反击，海盗才没得逞。针对猖獗的海盗行径，联合国安理会在 2008 年通过了 1816 号和 1838 号两个决议，鼓励和支持各国海军可以以任何方式打击追捕海盗。2009 年 1 月 6 日，中国首次派出了海军舰艇护航编队到亚丁湾，4 月 2 日，第二批换防。截至 2019 年 8 月，中国共派出了 33 批护航编队，舰只 106 艘，参战人员达2.8 万，完成了对 1200 多批共计 6700 艘中外船只的护航。从第二批中的黄山舰到第 33 批的潍坊舰，每一批护航编队中都有 054A 护卫舰的身影。054A 护卫舰的排水量为 4000 多，吨位适中，且以反潜为主，具有强大的近防和打击能力，十分适合在亚丁湾—红海一带的护航，对海盗造成了极大的震慑和遏制，为确保和平的国际海上运输线提供了有力的保障。

百年历练

　　要看清前路，参照过往，所谓"前事不忘，后事之师"。护卫舰经过一百年的发展变化，早已今非昔比。特别是从二战后的 20 世纪 50 年代起，西方各国都投入了大量的人、财、物进行研发，各种新型的护卫舰层出不穷，护卫舰进入了一个崭新的发展时期，在各国海军中占有越来越重要的地位。但各国海军的战略使命和海军兵力结构不同，战后各国在护卫舰的发展方向以及进程也有所不同，却各具鲜明特色。

　　从严格意义上来讲，美国海军除"佩里"级护卫舰之外没有纯粹的护卫舰，护卫舰的功能往往是由护卫驱逐舰担任。1846—1848 年的美墨战争，美国强夺墨西哥大片的国土，成为美洲地区地跨两洲的大国，美国从此获得了美洲的主宰地位，成为世界上海军实力最强的国家。美国海军的使命

> 苏联"别佳"级护卫舰

就是为美国在世界各地的海上运输船队护航、保护两栖舰船渡海和支援登陆作战。因此美国护卫舰的讲究极大。从最早期的"宪法"号，到后来的"利安德"级，再到"佩里"级护卫舰，无一不是所处时代最大的护卫舰。这种大型护卫舰讲究的是燃料和弹药储备量大、武器系统装备先进而齐全、生活设施和舱室宽敞舒适等。但同时，造价也十分高昂，比如"佩里"级护卫舰，在20世纪70年代的单舰造价就达2亿美元。而濒海战斗舰LCS，作为未来航速超过46节的"全能"战舰，更是有过之而无不及，单舰造价高达3.6亿美元。

冷战对峙时期，苏联海军因为其疆域太大，从波罗的海到大西洋多处面对的都是北约国家，因此十分注重轻型舰只的建造，他们把护卫舰当作具有灵活机动作战能力的海上突击手。比如"别佳"级护卫舰，航速32节，排水量只有1200吨；"科尼"级护卫舰排水量只在1600吨左右，而航速则达29.5节。苏联解体后，由俄罗斯承载了苏联的大部分设备和技术，但是由于受经济方面的制约，俄罗斯在护卫舰方面的更新和建造可以说是步履维艰。先后研发的"不惧"、"猎豹"和"守护"等多级护卫舰，都没有突破苏联对护卫舰的认知与影响，仍然是以速度快、火力旺、排水量适中为主。即便是最新设计的22350型多功能防空导弹护卫舰，排水量也只有4000吨左右，而航速为29节。无论是苏联还是俄罗斯，他们远途作战都较少，因此在储备以及人员舒适度方面考虑得不是很多，弹药以及物质补给的问题由补给船来完成，不会在护卫舰本身的排水量设计方面多做考虑。

英国是 200 年前的海上霸主，海外殖民地多，因此护卫舰的作用与美国基本相似，主要是为远洋船队护航，同时还兼顾保卫殖民地的任务。因此英国护卫舰力求做到储备量和火力配备并重，以反潜为主，其航速的设计只要与其护卫的船只相匹配即可。英国护卫舰既注意舰艇的稳定性，又具有较大的续航力，如 20 世纪 50 年代，英国最著名的"利安德"级护卫舰，排水量 2500 吨，续航力达 4500 海里 /12 节，航速只有 28 节，该级舰共建造三批 26 艘，是英国当时的主力战舰。20 世纪末的"公爵"级首舰"诺福克"号护卫舰的续航力达到 7000 海里以上，排水量 4200 吨，航速也只有 28 节。英国设计最昂贵的护卫舰"大刀"级，单舰造价达到 6800 万英镑，排水量在 3500 ～ 4400 吨，航速可达 30 节，续航力是 4500 海里 /18 节。而最新设计的 26 型以反潜为主的全球战斗舰，排水量更是达到了 8000 吨，单舰造价达 4 亿英镑，最大航速只有 28 节，续航力超过 7000 海里 /15 节。英国在马岛海战立威之后，为了重塑其海上霸主的旧梦，不惜在护卫舰方面下大力，其护卫舰的规格已经超过了早期的驱逐舰的规模。这一切，都是为了满足其提高远洋护卫能力的需要。

德国是两次世界大战的发起者，二战后，德国的基础工业破坏殆尽，国际上限制其军事力量的发展，因此，德国海军在很长一段时间处于停滞状态。自从加入北约后，德国才逐步被解除了某些军事禁令。但是在北约内部，德国也只能担任近海防御任务，负责与苏联的接触与对峙，不能建造大型舰只。冷战结束后，德国海军的驱逐舰更是全部退役，德国海军就成了只有护卫舰的海军。在此背景下，德国人的勤奋和先天的技术优势，使得德国迅速在军事探测设备、指控系统、武备系统以及电子战系统等领域处于领先地位。因此，德国的舰艇建造技术尤其是护卫舰，可以说基本代表了世界中小战舰的最高水准。

德国海军只有护卫舰，就此也形成了德国护卫舰的自身特点，即注重性能的均衡与全面，强调统一安排以避免顾此失彼，同时讲究模块化的设计，便于维护与升级。从 F-122 型"不莱梅"的辉煌到 MEKO 级护卫舰专供出口达 95 艘，都说明了德国护卫舰的优势。1994 年底服役的以 MEKO 为蓝本开发的 F-123 型"勃兰登堡"级导弹护卫舰，排水量接近

> 德国 F-123 型护卫舰

4700 吨，最大航速可达 29 节，以 18 节巡航速度续航达到 4000 海里，其模块化更是到了登峰造极的地步，全舰包括指控、损管、武备在内共 66 个模块。武器配置相当先进。F-125 型多功能导弹护卫舰，满载排水量达 7316 吨，最大航速 26 节，续航力 4000 海里 /8 节，用于执行防空、反舰、反潜、火力支援、战区弹道导弹防御以及支持多国联合行动、国际反恐等，可以应对未来若干年的海上威胁。

400 多年前的西班牙是世界上最强大的海上霸主，海外殖民地很多，特别是著名的"无敌舰队"更是横扫地中海和大西洋，舰船最多时达到 1000 多艘，排水量超过现在美国的单支航母编队。因此，西班牙护卫舰的特点有些像美国，讲究大型化、全面化、续航力强。比如"圣玛利亚"级护卫舰就是完全仿制的美国"佩里"级护卫舰，满载排水量 4017 吨，航速达 29 节，续航力 4500 海里 /20 节，其引以为傲的"梅罗卡"型近防炮，远不及美国的 MK-15 密集阵近防炮。21 世纪初建造的"巴赞"级防空导弹护卫舰，更是让世界瞠目结舌，满载排水量达到 5853 吨，最大航速 28.5 节，续航力 4500 海里 /8 节。可以说几乎将所有最先进的设备堆在该舰上，并使用了超大的美国"宙斯盾"系统，智能化、模块化程度非常高。

法国地处欧洲西部，西邻大西洋，北面为英吉利海峡和北海，南接地中海并与西班牙接壤，东面被意大利、德国、瑞士、比利时、卢森堡包围，三面环海。可以说法国被列强所包围，长期以来饱受战争之苦。英法争斗几百年，二战被德国征服，多年臣服于西班牙。就是这样的背景，使得法国海军不得不在夹缝中生存，因此法国海军护卫舰的发展风格与英国接

> 法国"拉斐特"级护卫舰

近，兼顾快速灵活、隐身与续航能力。如 21 世纪初研发的"追风"级轻型护卫舰，该级舰分为三个型号，排水量 1270 ~ 1950 吨，航速 30 节以上，"200 型"的航速大，为 35 节，续航力超过 3500 海里 /15 节，在隐身方面的设计也是世界领先。早期的"拉斐特"级护卫舰，满载排水量 3600 吨，虽然航速只有 25 节，但是续航力超过 9000 海里 /12 节，隐身性能可以说是全球护卫舰的鼻祖。

日本与德国一样，同样是二战的战败国，军事上也受到很多限制，只能拥有自卫队，不得有军队存在，因此日本海军只能叫海上自卫队。但是，由于美国企图利用日本来牵制中俄，所以放纵日本建造了很多大型战舰，甚至准航母级的驱逐舰。日本的电子工业十分发达，因此，日本的护卫舰在船电特别是智能化的指控系统等方面表现突出。如"初雪"级护卫舰，具有全面完整的作战能力，OYQ-4 通信系统和 OYQ-5 战术情报处理系统，都是同时期最先进的战斗系统。同时，由于与美国分享技术，该舰大量使用了美式装备，比如"鱼叉"导弹、MK-2 导弹、SQR 声呐系统，直升机也是经过美国授权同意生产的。

从总体上看，战后护卫舰的主要任务除了为大型舰艇护航之外，多数国家都将其用于近海的反潜警戒、巡逻或为渔民护渔护航等。在 20 世纪 70 年代以后，各国护卫舰都开始装备了导弹以及反潜直升机，所谓现代导弹护卫舰的概念也因此出现了。

现代导弹护卫舰，大多具有远洋机动作战能力，满载排水量在 2000 ～ 4000 吨（少数舰只已达到更高吨位），航速 30 ～ 35 节，以巡航速度可以续航 4000 ～ 7500 海里；主要的武器配置有导弹、鱼雷、火炮等，反潜或多功能舰型一般携带 1 ～ 2 架直升机。

未来素描

"未来导弹护卫舰"较之"现代导弹护卫舰"可能会更加进步，更加先进。吨位会越来越大；隐身效果会越来越好；舰只的智能化程度和探测水平越来越高；功能越来越全；火力配备也会更加强大，特别是区域防空能力的提升；模块化的设计会使使用成本更加降低；除了作为编队护卫之外，大多具有远洋单舰机动作战的实力。与其他大型舰只相比，护卫舰同时也具有研制建造周期较短、造价相对低廉等特点，因此在世界各国海军

➤ 德国 F-124 型护卫舰

中仍然会受到广泛的青睐。

未来护卫舰的常规武器装备主要还是以导弹、舰炮、鱼雷、反潜舰载直升机为主，只是导弹的威力会更大、功能会更全，比如美国的"战斧"式巡航导弹。有些舰只还可能会增加核打击力量，比如英国的"26型"全球战斗舰。作战系统会更加地自动化，比如使用美国的"宙斯盾"系统，如西班牙的"巴赞"级护卫舰。护卫舰的使用范围也会更加广泛，如从传统近海的反潜、巡逻、护渔等到远洋编队的护航、区域防空，甚至是单舰的远洋作战等。

未来护卫舰的动力也将视各国的实力和习惯而定，清洁能源动力也会得到使用。动力装置也会有更多新的方式，现阶段，工业化程度较高的西方国家普遍采用全燃或柴—燃联合动力装置。英国全球战斗舰"26型"护卫舰和德国的未来护卫舰F-125型都采用了复杂的柴—燃—电联合动力装置，快速航行时柴油机和燃气轮机一起使用，低速航行时则只使用柴油发电机，大大地降低舰只的噪声，同时也降低航行成本。推进方式也有各种降噪新招，比如德国的未来护卫舰F-125型就使用了喷水推进和吊舱螺旋桨的方式。

在未来的海战中，来自空中的飞机和导弹对舰只的威胁会大大增加，这就要求护卫舰具备更强的对空防御能力。所以西欧一些国家在发展武器配置方面，多为对空为主的多用途护卫舰。这些舰只大都装有中远程垂直发射的舰空导弹武器系统，具有一定的区域防空能力；并装有反舰导弹、反潜鱼雷和直升机等武器系统，也具有较强的反舰和反潜作战能力。比如德国的"萨克森"级F-124型防空护卫舰，装有2套远程空中、水面监视和目标显示雷达，以及垂直发射的防空导弹武器系统，并增设"守门员"近程防御系统，防空能力大大增加。另配有2座四联装"鱼叉"反舰导弹，1架二代NH-90中型直升机，使该舰的反潜和反舰能力有了很大提高。

大小之别

从具有代表性的护卫舰可以看出，现代护卫舰的排水量越来越大。20世纪的大型护卫舰排水量为3000～3500吨，而加拿大的"哈利法克斯"级、

➢ 法国"拉斐特"级护卫舰

英国的"23型"、德国的F-123型等护卫舰的排水量已经超过了4000吨，西班牙的"巴赞"级多用途护卫舰，排水量为5760吨，意大利和法国共同研制的"地平线"级FREMM护卫舰，排水量达到了6700吨。在现役的新型护卫舰中，德国的F-125型护卫舰的排水量已经达到7316吨，而英国的"26型"全球战斗舰排水量更有可能会达到8000吨。

增大排水量的主要原因是为了全面提升护卫舰的作战能力，自动化作战系统所要求的舱室空间大幅度增加；损管、防火和防核能力改善；对舒适度和适航力的要求不断提高，增加了生活设施所要求的空间；有的还预留了一些空间以保证将来的升级改造，特别是那些模块化设计的护卫舰；在护卫舰的设计中往往也留有较大的储备排水量。

护卫舰的排水量大小也受建造成本的制约，如英国"大刀"级22型护卫舰，排水量在4400～5000吨，该舰虽然性能优良，但外形庞大，在20世纪90年代每艘舰造价就已超过6000万英镑，近乎天价，这对于当时处于经济萧条的英国来说无疑是心有余而力不足，因此很难大量建造。后来为了满足英国以及北约的战略需要，不得不又发展了排水量较小且造价较低的"公爵"级"23型"护卫舰，它的排水量在 3500～4000 吨，造价也降低很多。

排水量的大小还受到动力装置的影响，对于采用全柴装置的护卫舰，由于主机功率有限，排水量控制很严，一般在 3000 吨左右。如法国的"拉斐特"级护卫舰采用全柴动力装置，排水量为 3200 吨。中国的江凯 II 级 054A 型护卫舰，选用的是我国自行生产的全柴发动机，排水量为 3600～4200 吨。而俄罗斯的"守护"级 20380 护卫舰，选用全柴油机动力装置，排水量只有 2200 吨左右。

由于造价相对低廉、建造周期较短和便于维修保养等特点，护卫舰长期以来受到各国海军，特别是一些经济条件不太好的中小国家的格外青睐。在世界各国的海军编制中，几乎全都编配有护卫舰，有些国家甚至是作为舰队的骨干兵力。根据冷战后国际局势发展的新特点和世界海军装备发展的趋势，可以预见，造价低、建造周期短、使用范围广、战斗能力强的护卫舰，在未来几十年仍然会有十分良好的发展前景。

护卫舰排水量大小可能会朝着两个方向发展。海军实力比较强大的国家，将发展具有某一特定功能的多用途大型护卫舰，其排水量将普遍超过 6000 吨。这种护卫舰将装备先进的导弹垂直发射系统，并携载先进的反潜直升机，以及自动化程度很高的作战系统，比如美国"宙斯盾"系统，以大幅度提高作战能力。而综合国力有限的国家，将注重轻型导弹护卫舰的研发，排水量在 1500～2500 吨，主要在沿海和近海担负有限的海上护卫任务，甚至还有些低于 1000 吨排水量的舰只，比如瑞典的"维斯比"级护卫舰。

所以，在未来相当长的一段时间，护卫舰仍将是海军舰队大家族中的一个兴旺发达的重要成员。

模块之路

　　所谓"模块"就是拥有一组标准的插件，可以方便地进行位置变化，并根据任务需求自由选换。以德国、美国护卫舰为首的护卫舰，模块化做得非常成功。这样就改变了过去一种舰只能有一个固定功能和固定使用的武器以及船电系统。最早尝试模块化的是美国"佩里"级护卫舰，之后德国的 MEKO 也是模块化的典型代表。

　　MEKO，德语就是"多用途组合"，MEKO 型护卫舰是德国在 20 世纪 70 年代设计的最为成功的一款军舰，它的成功在于实现了真正意义上的模块化、标准化和通用化。以模块的方式安装各种控制系统、武器装备等，尽可能地将舰上各种系统制成数座模块化单元插件，再安装到标准化的舰体上，以满足不同功能的需求。维护使用成本低，生产周期短，性价比高，开创了世界舰艇全面模块化设计之先河。之后的德国"萨克森"级 F-124 型和 F-125 型护卫舰更是将模块化进行了发扬光大，下面以 F-124 型护卫舰为例对模块化进行介绍。

　　所谓"模块化"就是将复杂的系统分解成若干个相关函数的小模块，

➢ 德国 F-124 型护卫舰

便于处置和管理，模块化开发就是封装所分解的各个模块，并且提供通用的使用接口，各分立模块彼此互不影响。模块化的意义就是，分立模块可以简单化地重复使用和互换，以最少的零部件和快捷的方式满足更多的个性化需求。

"萨克森"级 F-124 型多用途防空护卫舰，是德国海军最大的水面舰艇，也是德国第一艘采用完全模块化设计的舰艇。首舰"萨克森"号于 2002 年 11 月服役。F-124 型护卫舰整舰的设计特点就是模块化，全舰总共有 58 个大小不同的装备模块，其中主要模块包括武器模块 4 个、船电模块 7 个、空调模块 12 个、桅杆模块 2 个等，有些大的模块中还包含有多个小模块。这样一来，维护方便，且利于降低成本。

以损管为例，全舰分为 12 个独立的消防损管区域，每个区域都有独立的通风空调系统、供配电系统、灭火系统与核生化清洗站。整个核生化防护区包括 12 个通风、空调模块，24 个核生化清除过滤系统模块，全舰在遭受核生化攻击时还可细分为 4 个损管区、15 个水 / 气密区与 11 个独立通风区（包括平时气压稍低的轮机舱区）。舰上的主要控制中枢如战情室、通信室和主机控制室全都各备有两间，并设置在舰的不同地方，以分散风险。

F-124 型护卫舰的动力系统具有多种不同的推进模式，例如有时以燃气涡轮同时带动两具螺旋桨，有时以燃气涡轮带动一具螺旋桨，而另一具螺旋桨则由两具柴油机一起带动，经济巡航时则仅以一具柴油机带动两具螺旋桨，此外还有其他的推进组合。所有这些动力组合都可以通过简单的模块互换来完成。

F-124 型护卫舰装有鳍状水平尾翼，配有先进的舰体横摇稳定系统，模块化的计算机可以结合稳定系统、舰只航向和舵面设定等信息，经过精确计算后发出指令，通过调整舵面与稳定鳍的角度，来抵消舰体的横摇与纵摇，从而达到在高级别风浪中仍能平稳航行的效果。F-124 型在六级海况下仍能执行作战任务，在八级海况下仍可航行，摇晃与起伏比同吨位的舰艇要小得多。

F-124 型护卫舰共使用 4 个武器模块来完成其武器配置，3 组导弹垂直发射模块和 1 块反潜模块，不同的武配要求选择不同的功能模块。比如防空模块，可以控制装有 4 组八联装垂直发射装置，使用"标准 -2"防空导弹以及 1 座四联装"海麻雀"短程防空导弹，还能控制 2 挺莱茵金属的 MLG-27 遥控机炮，担负近距离反水面以及短程防空任务，此炮具有重量轻、易于安装和操作简单等优点。反潜模块控制的是传统的三联装 MK-32 鱼雷发射器，使用 MU-90 轻型反潜鱼雷、RAM 发射器、MK-32 鱼雷管、MK-36 干扰弹发射系统。

还有雷达控制模块，塔状桅杆上的四面 APAR 雷达天线的控制模块是安装在桅杆的前部，桅杆的位置在舰桥后方，装有 SMARTL 雷达的控制模块则安装于机库顶的后部桅杆上。

船电模块包括作战指挥、电子战和光电系统等模块，这些模块的应用，让 F-124 型护卫舰在电船设计方面更加简洁、方便。

作战系统模块使用了德国第一种全分散式作战系统 SEWACO 11，总共含有 150 个中央处理器，可以同时提供 200 亿位元的计算容量，并通过异步传输模式 ATM 技术光纤将舰内网络与舰上各侦测、武器系统连接。电子战系统模块包括电子对抗系统与电子支援系统，能侦测与辨认可能的外来威胁，并自动进行对敌方导弹等雷达寻标器的对抗，同时指挥舰上相关的干扰弹发射器投掷诱饵。光电系统模块是德国的光电侦测／舰炮射控系统，整合有高分辨率红外线热影像仪、CCD 电视摄影机和安装于 APAR 相控阵雷达塔顶端的激光测距仪，激光测距仪也是全舰最高的位置。

F-124 型护卫舰还拥有先进的导航体统、通信系统、声呐系统等，这些功能全部都是以模块化的形式来完成的。

2013 年初，德国海军对当时正在服役的四艘 F-124 型护卫舰进行过作战系统升级，包括升级作战系统中的软件和硬件，以新的硬件组件取代了舰上一些较为过时的硬件，包括控制处理器、资料记录模块、网络通信模块等。经过升级后的计算机系统，可以在未来根据具体需要进一步整合新的子系统和新的指挥控制能力，使 F-124 型护卫舰更能适应未来的新装备与作战需求。

德国海军出于战略方面的考量，并没有在 F-124 型护卫舰的基础上改进成下一级舰，而是重新设计了新一代 F-125 型多用途导弹护卫舰，F-125 型护卫舰不是 F-124 型护卫舰的延续，而是一款全新设计的战舰。它利用了所有 F-124 型护卫舰的设计优点，将模块化发挥得更加淋漓尽致。

除了德国的舰只之外，还有一些国家的护卫舰也实行了模块化，比如美国的濒海战斗舰 LCS、俄罗斯最新生产的"20386型"护卫舰。模块化可以大大地提高舰只的使用效率和性价比，相信一定是未来护卫舰的一个发展方向。

迈向"六化" 🚢

事实证明，装备简单的舰艇难以适应现代海战的全面要求。

为适应未来战争的需要，作为一种常规作战武器——护卫舰，早已成为世界各国争先恐后改良的重点。综合全球主要军事强国的做法和使命任务，未来护卫舰的发展趋势必定向通用化、高速化、隐身化、智能化、舒适化和安全化等"六化"迈进。

1. 通用化

通常以某一任务为主（如反潜），同时也能执行另外多种任务（如防

➤ 法国"拉斐特"级护卫舰

空、反舰等）的护卫舰。科学技术的发展以及各种武器设备的小型化、模块化、智能化为护卫舰装备更多的先进作战武器提供了可能。同时，由于武器、电子设备成本的大幅上升，护卫舰的造价也越来越昂贵，一流护卫舰建造的数量也因此受到限制，这样就要求一型护卫舰能执行多种任务。

众多国家的通用型护卫舰侧重于担任反舰任务，也具有较强的防空和反潜作战能力，在编队中数量较多。如法国的"拉斐特"级护卫舰就是通用护卫舰，主要担负反舰作战，同时担负防空和反潜作战。该舰配备了8枚"飞鱼"反舰导弹，100毫米舰炮和1架能在5～6级海情下作战并能携带空对舰导弹的中型直升机；对空武器配置了"海响尾蛇"近程舰对空导弹武器系统，在舰桥前部安装了垂直发射舰对空导弹，进一步提高了防空能力；反潜武器配的是2座三联装鱼雷发射管，配有舰壳声呐和拖曳线列阵声呐。

反潜型多用途护卫舰主要在编队中担负反潜任务，同时也具有一定的反舰和防空能力。如英国的"公爵"级护卫舰、俄罗斯的"无畏"级护卫舰、法国的C-70反潜型护卫舰等均属于以反潜为主的多用途护卫舰。这些舰均设有1～2架反潜直升机、舰载鱼雷发射管、配备性能先进的舰壳声呐，有的舰还装有反潜导弹、反舰导弹及舰对空导弹，均具有较强的对海反舰攻击能力和防空能力。

2. 高速化

护卫舰的最大航速已经从20世纪60年代的20～25节提高到了35节以上，最快的已经达到43节。护卫舰的任务已不单是为运输船队护航，还要与驱逐舰组成驱、护舰编队，或参加航母编队，对航速提出了较高要求。采用全燃或柴—燃联合动力装置的护卫舰的航速一般要高于其他动力装置，航速在27～30节范围内，如澳大利亚的"安扎克"级护卫舰最大航速为27节，荷兰"德泽文省"级护卫舰航速为28节，西班牙的"巴赞"级护卫舰航速为28.5节，德国的"萨克森"级F-124型护卫舰最大航速为29节，美国的"佩里"级护卫舰最大航速为29节，日本的"初雪"级反潜护卫舰速为30节。采用全柴动力装置的护卫舰航速相对低一些，一般在25～29节范围内，如法国的"拉斐特"级护卫舰的最大航速为25节，俄罗斯的"守护"级护卫舰为26～27节，沙特阿拉伯的"拉斐特"改进型护卫舰最大航速为 28 节。英国的"23 型"采用柴—电—燃联合动力装置，最大航速为 28 节。

3. 隐身化

现代护卫舰绝大多数都进行隐身设计，这当中最为优秀的无疑是瑞典的"维斯比"级隐身护卫舰，可以说该舰是全球最为典型的隐身护卫舰。下面以"维斯比"级护卫舰为例，着重阐述隐身的几种处理办法。

（1）船体形状的隐身设计

为了达到良好的隐身效果，舰上除设置一个锥形指挥台和一门隐身舰炮外，没有外露其他设施，舰面光洁而平整，舰体各个部位采用不规则倾斜多面体，将舰载雷达、各种天线都进行了封装，所有攻击武器都安装在上甲板以下，舰体上的发射口也用遮盖装置遮盖。

（2）雷达波处理

上层建筑外表均涂有吸收雷达波的材料，从而极大地降低了雷达信号特征。尽量避免在舰上出现旋转或闪烁的物体，以减少可视光信号，如将旋转的雷达封闭在雷达屏蔽器内。全舰还涂敷有伪装迷彩。

（3）改进动力推动方式

减少水下噪声辐射，采用喷水推进装置，在同一航速下，喷水推进与螺旋桨推进比，喷水推进可使舰艇的水下噪声辐射降低 10 分贝以上。动力用燃气轮机和柴油机，都安装在双层隔震基座上，柴油机还被覆盖在密封的罩子内，压制声音的传播，柴油发电机也进行了隐身处理。

（4）降低红外辐射

准确选择动力尾气的排放口，燃气轮机和柴油机的废气排放口选择在舰艇尾部靠近水面的部位，并向排气口排出的废气喷射海水，减少红外特征。

（5）消磁处理

为了减少磁特征，对主动力机和辅助动力机都进行了消磁处理，在特殊的部位还装了消磁装置；舰上所有的电子设备都采用了低截获性材料，同时还屏蔽电子设备，以降低电磁辐射，进一步提高隐身能力；通过消磁处理后的"维斯比"级护卫舰，在平静的海面上被敌方雷达探测到的距离只有 22 千米；如果海面有风浪，被探测到的距离减为 13 千米；

如果采用一些干扰技术，被探测到的距离将进一步缩小到 6 ~ 8 千米。要知道同样大小的常规舰艇在平静的海面上 50 千米之外可能就已经被发现了，这说明"维斯比"级护卫舰真真切切地具有隐身效果，可以做到在接近敌方 6 千米时才暴露。

（6）船体材料的选择

一般舰艇大都采用钢材或铝合金打造舰体，而"维斯比"级护卫舰采用的是复合碳化纤维材料 CFRP。这种材料很像是一三夹板构造，板间混用了玻璃纤维、PVC 以及氯乙烯薄板等，具有张力大、重量轻、坚固耐用、抗撞击等特性。最重要的是，这种材质因为是非金属材料，雷达波的反射量大幅降低，而且没有磁性。采用 CFRP 材料建造的"维斯比"级护卫舰较同级钢质舰艇至少轻一半，这意味着舰上可以装设更多的装备，航速与续航力也可提高。为了试制能建造舰艇的 CFRP 材料，瑞典还发明了"真空辅助夹层灌输法"的生产工艺。

（7）减少雷达波

该舰上层建筑较低，如同被削去尖顶的金字塔，所有立壁呈一定角度的斜面，对各处的边角进行了圆角处理，能有效地将雷达波折射。露天甲板上没有安装设备，大部分武器和设备都安装在舰体内部，唯一必须安装在甲板上的雷达天线也加装了隐身天线罩。

（8）减小船体的热辐射

在船体表面涂了一层迷彩涂料，这种涂料可以散射红外线，因此，可以大大地减少船体吸收太阳的热量。迷彩涂料还可以起到迷惑对方和视觉隐身的效果。

（9）消音处理

主机、发电机以及其他可能产生噪声的装备全部安装在特殊基座上，这些基座进行了防震吸音处理，外加具有弹性的隔音罩，有效地隔绝了舰上的机械噪声，从而达到降噪隐身的目的。根据实地测试，在没有采取主动电子压制措施的情况下，"维斯比"级护卫舰在恶劣海况下可以全速接近敌舰到 13 千米处不被发现。瑞典的海岸线峡湾复杂，如果将"维斯比"级护卫舰部署在近海，敌舰的雷达将会被瑞典近岸地形的杂波所混淆，倘若加以适当的电子干扰，敌舰则更难发现其踪迹。

（10）选择隐身无人机

由于"维斯比"级护卫舰的排水量只有 600 吨，不可能携带直升机，直升机也是全舰隐身设计最薄弱的一环，可以说如果舰上装载直升机，其所有的隐身效果都会荡然无存。因此，为了提升"维斯比"级护卫舰的反潜能力，目前瑞典海军正在着力跟踪隐身无人机技术，希望能够突破这一瓶颈。

虽然"维斯比"级护卫舰在隐身方面已经远远超出了许多先进国家，但瑞典并未就此停止研发，瑞典国防装备局与船厂续投了 800 万瑞典克朗的研究基金，要求厂家继续进行船体材料、红外信号、流体力学、隐身无人机等隐身技术的研发，以不断提升瑞典海军护卫舰的隐身技术。

4. 智能化

20 世纪智能化程度最高的护卫舰当属西班牙的"巴赞"级和挪威的"南森"级，它们都采用了美国先进的"宙斯盾"作战系统，智能化程度非常高。

新加坡的"可畏"级护卫舰是由法国设计制造的新一代多功能护卫舰，一共订购 6 艘，新加坡参与除首舰外的建造。新加坡在战斗系统和战场管理系统等智能化水平方面具有一定实力。因此，"可畏"级护卫舰既有法国的技术，又有新加坡的参与，在建造过程中该舰还运用了多种隐形技术和模块化，具有高度自动化、智能化水准。"可畏"级护卫舰的排水量只有 3200 吨，略小于"拉斐特"级，隐形性能也要更好，在雷达、声音、红外线和电磁等方面都具有较低的信号特征，是东南亚屈指可数的一款智能化程度较高的护卫舰。

为了提高护卫舰的战斗力，各国的护卫舰都朝着智能化、自动化的方向发展，以期更加适应现代海战的需要。

5. 舒适化

美国的"佩里"级护卫舰载员平均居住面积达到 19.6 平方米，是同级护卫舰中人员舒适度最高的。随着护卫舰远洋作战以及续航力的不断提升，护卫舰在海洋中的时间会加长。为了增加军人的斗志以及提高其战斗力与积极性，舰上舒适度的提升已经越来越受到各国的重视，舰只排水量的增加也有部分是为考虑提高舒适度而增加的。

　　西班牙的"巴赞"级护卫舰舰员的住所是按照星级宾馆的设计的，娱乐室、健身房以及各类体育设施和高档消费区一应俱全。

　　我国早期护卫舰受国内环境的影响，一般是按"先生产后生活"的原则，比较强调奉献精神，享乐在后，所以在舒适度方面考虑不多，以满足基本的生活条件为宜。现在，我国的护卫舰发生了重大转变，也在提升船员舒适度方面下了很大的功夫，特别是"054B 型"的排水量已经接近 6000 吨，为改善舒适度留下了一定的空间。

6. 安全化

　　"战争的目的就是要消灭敌人，而只有最大限度地保护自己才能有效地消灭敌人。"这是战争的必然要求。护卫舰的安全除了主动的防御外，合理的损管设计也是保证安全的重要因素。如在海湾战争期间，美国的一艘"佩里"级护卫舰遭到伊拉克的导弹误攻击，如果没有良好的损管设计，是不可能自救的；马岛战争期间，英国的"大刀"级护卫舰也是遭受到阿根廷空军的打击而受伤，但因为良好的损管条件才得以死里逃生。因此各国在新的护卫舰设计方面都大大地提高了损管意识，以期提高护卫舰的安全性。